感光紙玩法

這是甚麼...

感光紙，用來複印東西的。

1 在感光紙上，放置要複印的圖案或物件，在猛烈陽光下曬10分鐘。

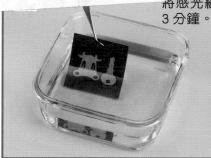

把物件拿開後，盡快將感光紙浸泡在水中3分鐘。

若未能立即浸泡，可將感光紙先放在遮光的袋中。

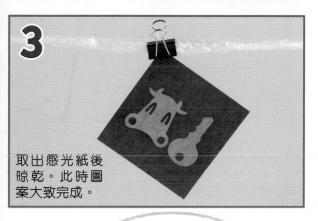

3 取出感光紙後晾乾。此時圖案大致完成。

4 可用重物將感光紙盡量壓平。

畢竟我們的火箭設計圖向來都用菲林保存，要是有人將菲林上的資料曬在感光紙上……

*可在 p.6 參看菲林的知識。

咦？

慢着，先別把紙碎了，我們想看看這堆紙。

這張是……

是我們一些員工的頭像啊。

▲利用教材附送的遮光卡紙，可曬出各個兒科角色！

咦？這不是我的呀。

3

感光紙如何「留影」？

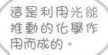

這種圖案是如何製造出來的呢？

這是利用光能推動的化學作用而成的。

陽光中的紫外線照射在感光紙沒被遮蔽的地方。

物件或圖案遮蔽的地方只受到較少紫外線照射，甚至沒有紫外線照在上面。

感光紙上塗了兩種化合物：檸檬酸鐵銨及鐵氰化鉀。

檸檬酸鐵銨帶着一些鐵離子。

鐵氰化鉀本身有一個鐵離子。

在紫外線照射下，檸檬酸鐵銨得到足夠的能量，釋放部分的鐵離子給鐵氰化鉀，形成一種叫普魯士藍的深藍色染料。

普魯士藍

檸檬酸鐵銨及鐵氰化鉀都可溶於水，故此用水浸泡感光紙時，那些化合物就會被洗走，形成紙上較淺色的區域。

bye~

普魯士藍則不溶於水，並被鎖在紙的纖維內，形成深藍色的區域。

淺色區和深色區互成對比，便形成圖案了！

咦？紙上好像還隱藏了些東西！

隱形墨水筆玩法

1

拔開筆蓋，用筆在紙上書寫或畫出圖案。

2

重新裝上筆蓋並啟動紫外光電筒，即可照出隱形墨水筆跡。

◀立即用紫外光電筒，就能看到左圖的線索！

隱形墨原理

隱形墨水是一種螢光劑，平時沒有顏色，因此難以察覺，但當受到紫外線照射時，就會發出螢光。

甚麼？是誰寫的？

看來有人暗中調查其他員工的資料，但那張紙不是居兔夫人的。

是誰把這張紙塞進她的廢紙堆呢？

▲螢光劑受可見光照射時，並不會起任何反應。

▲可是，當螢光劑受到紫外光照射，由於紫外光的能量高於可見光，因此能激發螢光劑，使其射出特定顏色的可見光。

教材附送的隱形墨水筆，會令隱形墨水發出灰白色的螢光。

SPACEV

我們在辦公室靜靜觀察吧。

是！

在 SpaceV 的辦公室內找出居兔夫人的座位，看看有沒有奇怪的地方吧！

SPACE V

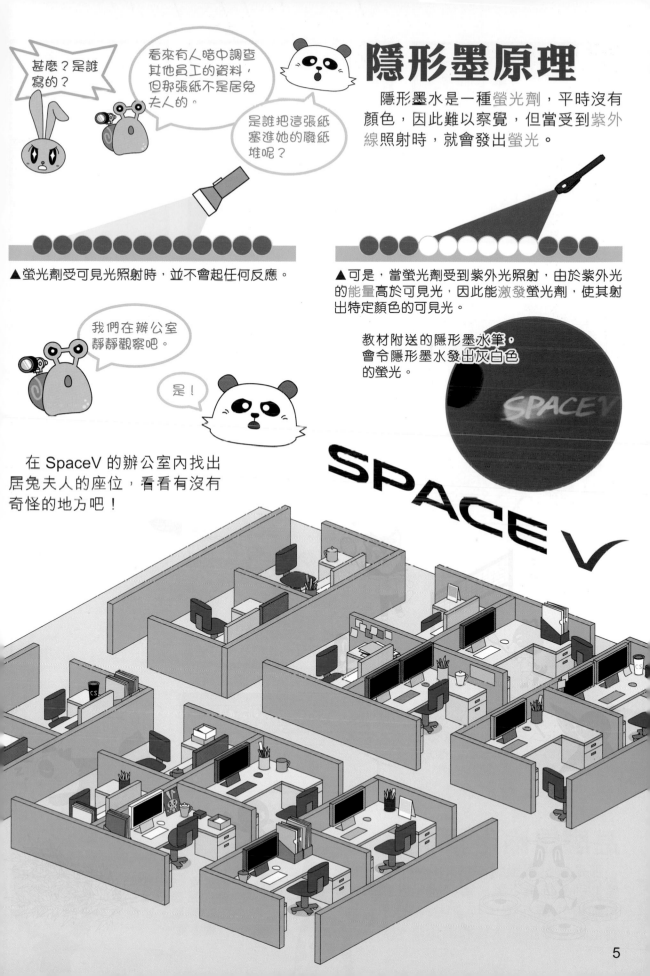

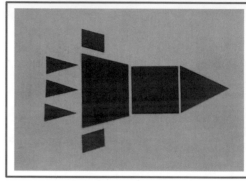

可用紙張剪成不同的幾何圖案，併成圖畫，曬在感光紙上。

攝影與感光化學

在數碼技術問世前，菲林被廣泛應用於記錄圖像及文字。

菲林主要由底層、感光物質及保護層構成。當菲林受光照射，感光物質便產生變化，因而產生影像。

到底她是怎樣把設計圖曬出來的呢？

那設計圖該是一張菲林，可在感光紙上曬出一模一樣的圖案。

菲林

底層是菲林最厚的一層，多由聚酯塑膠製成。這種材料不易因冷熱或濕度而變形，這樣影像便不會走樣。

保護層用來防止感光物質被刮花或受到人們手上的油脂污染，在沖曬時會被洗去。

感光物質是一層含有鹵化銀結晶的魚膠，是菲林的「靈魂」。

感光物質下是防反光層，防止光線穿透感光物質後反射，避免反射光引起感光物質產生反應。

甚麼是鹵化銀？

那是鹵素跟銀組成的化合物，鹵素則是指氟、氯、溴、碘、砹和鿬這 6 種元素。而菲林中的鹵化銀主要是氯化銀和溴化銀。

鹵水雞翼和鹵水蛋有沒有鹵素？

當然有，鹵水有鹽，鹽即是氯化鈉，氯化鈉含氯，氯就是一種鹵素。

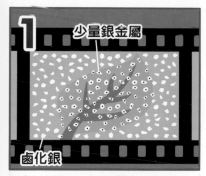

▲ 以拍攝一塊樹葉為例。拍照時，樹葉影像在短時間內照射到菲林上，令影像上的鹵化銀晶體產生化學作用，局部轉成黑色的銀金屬。受光程度愈大，其局部轉化的程度也愈大。

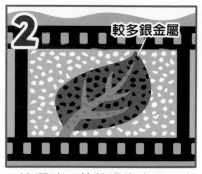

▲ 沖曬時，菲林浸泡在顯影劑中，令已局部轉化的晶體進一步轉化為銀金屬。受光程度愈大的地方，就有愈密集的銀金屬，看起來就會愈黑，於是形成深淺不一的黑色區域。

▲ 最後，用亞硫酸鈉將菲林「停影」，即將多餘的鹵化銀晶體溶化，然後用水沖走，就製成底片。

不過，底片不但細小，而且顏色顛倒，黑色會變成白色，白色則變成黑色，因此要再將底片影像放大及投射在感光紙上，才能「曬」出顏色正確的相片。

這個曬相的過程，原理上跟今期的教材非常相似，只是所用的感光物質不同。

以上只是菲林曬出黑白照片的程序。要造出彩色相片則更複雜。

▲ 簡單來說，顏色菲林除了黑色外，還有專門對應青色、洋紅色及黃色的感光層，每層都要用對應的化合物來處理。

時至今日，數碼相機已十分普及，不需要菲林就能盡情拍攝，而且相片還可用電腦來修改，非常方便。

◀ 數碼相機使用可感光的晶片代替菲林，以捕捉影像。目前主流的感光元件有 CMOS 元件及 CCD 元件兩種。

▶ 雖然菲林相機已被數碼相機取代，但菲林技術仍有應用之處，X光片就是其中一例。

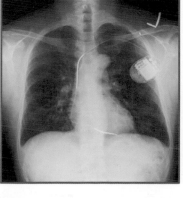

菲林也被用來記錄資料，因為它不需用電，保存成本低。

原來如此，所以我們的火箭設計圖也留了菲林記錄。

上圖隱藏了 5 件可發出螢光的物件，把它們找出來吧！

日常生活中的螢光化學

有許多物件也含有螢光物質，在紫外光下會發出特定顏色的光。

螢光筆

每種顏色的螢光筆墨水各自含有不同的化合物，因而發出顏色各異的螢光。

螢光墨水的常見化學成分

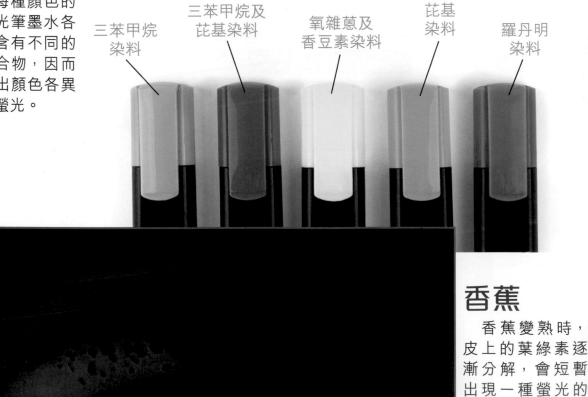

三苯甲烷染料

三苯甲烷及芘基染料

氧雜蒽及香豆素染料

芘基染料

羅丹明染料

香蕉

香蕉變熟時，皮上的葉綠素逐漸分解，會短暫出現一種螢光的代謝物，圍繞著「梅花點」。

薑黃粉

薑黃粉是一種常用來做咖喱的香料，當中含有薑黃素。該物質呈黃色，不溶於水，但可溶於酒精，受紫外光照射時會發出綠色螢光。

薑黃粉溶於酒精時呈黃色。

在黑暗中用紫外光照射，就會發出綠色螢光。

能量飲品

一罐能量飲品含有大量維他命B，如圖中的能量飲品含維他命 B2、B3、B6 及 B12，它們都會產生螢光，當中以 B2 產生的綠色螢光最為明亮。

湯力水

湯力水含有奎寧，原是一種用來治療瘧疾的藥物，後來人們利用其苦澀口感製成日常飲料，更可再混合檸檬汁或酒類飲品。奎寧在紫外光下會發出淺藍色螢光。

螢光有多種實際用途，例如白光 LED 燈就有一層螢光物質。該物質受 LED 的藍光照射時，便會發出紅色及綠色螢光，並跟本身的藍光混合，產生白色的光。一些洗衣粉也含有螢光劑，令衣服看起來更亮白。

看來她只偷了這張設計圖。

可惡！居然被你們發現！

既然人贓並獲，馬上報警吧。

雖然常說多喝水令身體健康，你卻一次過喝了120升水，是不是太多了？

去沙漠前要多喝點，因動輒會兩星期沒水喝的！

© 海豚哥哥 Thomas Tue

堅忍的 雙峰駱駝

　　雙峰駱駝（Bactrian Camel，學名：*Camelus bactrianus*）是大型的偶蹄動物，身上長有金黃色至深褐色的皮毛，身高超過 2 米，體重可達 700 公斤。牠的頭部較小，頸長及像鵝頸般呈乙字形，眼睫毛很長，耳朵短小，鼻能開閉，四肢細長，背上長有兩個圓錐形的駝峰，這些身體特徵能令其適應炎熱的沙漠氣候。

© 海豚哥哥 Thomas Tue

▲駝峰主要由脂肪組成。在極度缺水時，那些脂肪可分解成熱量和水分，令駱駝極能忍耐饑渴。牠們可在沒有食物的情況下生存一個月，在沒有水的情況下生存三星期。隨着脂肪逐漸減少，駝峰就會縮小和傾斜在一邊。

© 海豚哥哥 Thomas Tue

雙峰駱駝喜歡在草原、沙漠和戈壁地帶棲息，也隨季節變化而遷移，主要分佈在中國新疆、蒙古和中亞地區，多為人飼養。野外估計只有 950 隻左右，壽命估計可達 50 歲。

◀堅硬的嘴巴令駱駝能吃沙漠中較尖銳及乾燥的樹葉和穀物。牠們能自行調節體溫以適應沙漠極端的氣溫變化，晚間體溫能降至 34℃，日間體溫高於 41℃ 時才會開始出汗。

想跟海豚哥哥一起考察海豚，請瀏覽以下網址：eco.org.hk/mrdolphintrip

收看精彩片段，請訂閱 Youtube 頻道：
「海豚哥哥」
https://bit.ly/3eOOGlb

f 海豚哥哥 Thomas Tue

海豚哥哥簡介

　　自小喜愛大自然，於加拿大成長，曾穿越洛磯山脈深入岩洞和北極探險。從事環保教育超過 20 年，現任環保生態協會總幹事，致力保護中華白海豚，以提高自然保育意識為己任。

科學
DIY

物理

正文社 YouTube 頻道

嘟一嘟在正文社 YouTube
頻道搜尋「#209DIY」
觀看製作過程!

中秋節到了!愛因獅子約了朋友一同吃月餅、賞花燈,共度佳節。我們也一起來製作漂亮的走馬燈吧!

中秋節快樂!

製作時間:2小時

製作難度:★★★★★★☆☆

走馬燈轉轉轉

製作方法

材料：紙樣、250 毫升紙杯 ×2、鋁線或鐵線（1mm 粗）、闊身蠟燭、錫紙盤
工具：剪刀、𠝹刀、竹簽、雙面膠紙、膠水、油性筆、鉛筆

1 剪下燈座及燈罩紙樣，用雙面膠紙分別貼在 2 個紙杯上。

燈罩

燈座

2 沿實線剪開燈座的開口。

3 沿實線剪開燈罩的扇葉，並調整其弧度。

4 在燈罩頂的邊緣隨意標出 4 點，再將相鄰的兩點以直線相連。然後在每條直線的中心各畫一條垂直線。此交叉點即為圓心。

圓心

用竹簽在此處輕力戳出凹陷處，但別戳穿。

5 利用上一步形成的凹陷處，用竹簽在杯內的圓心處戳一下，令圓心略向外凸出。

⚠ 別戳穿紙杯。

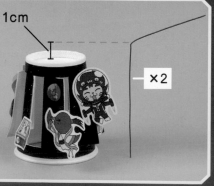

6 把角色紙樣貼在燈罩上。

⚠ 勿阻礙燈罩上的開口。

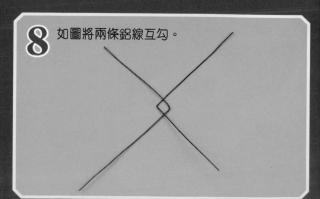

7 剪出兩條20厘米的鋁線，垂直跟紙杯並排，在高於紙杯1厘米處屈折，令鋁線折成 V 字型。

1cm

×2

8 如圖將兩條鋁線互勾。

9 先將其中一條鋁線扭一圈。

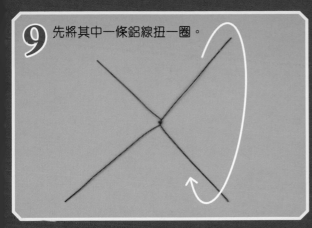

10 再將另一條鋁線扭一圈，然後把兩條鋁線紮起來，製成一個支架。

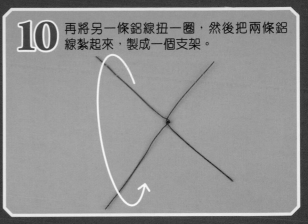

11 利用右邊的圓形，將支架的三隻腳屈成特定角度。

比燈罩高度更長的一段鋁線指向上。

用油性筆標記。

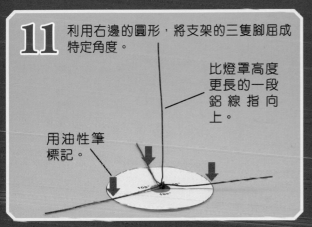

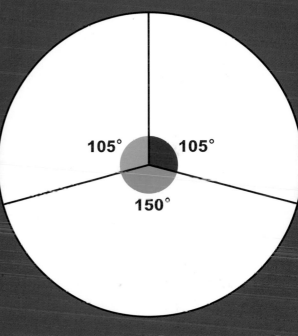

105° 105°

150°

12 把支架放在燈座上，令油性筆標記處剛好跟杯邊交錯，然後把三隻腳向下屈，夾着燈座。

14 把燈罩放在支架上。

完成！

13 斜剪鋁線的最頂端，剪走 3 - 4 毫米即可。

13

玩法

在室內一處沒風的地方，將走馬燈放到穩固平整的錫紙盤上，把蠟燭燃點，然後小心地放在燈座內。

⚠ 請在家長陪同下使用蠟燭。

等待一會，燈罩便會旋轉！

燈罩為甚麼會旋轉？

燈罩因熱對流而旋轉。

2 部分熱空氣從燈罩及燈座間的空隙漏走，部分則進入燈罩，穿過長條形開口離開。

1 將點燃的蠟燭放進燈座內，會令燈座入面的空氣變熱。由於熱空氣的密度較冷空氣低，於是熱空氣就會向上升。

3 熱空氣上升時推動扇葉，使之連帶燈罩轉動。注意若沒有將扇葉摺起來，熱空氣跟扇葉的撞擊面就很小，燈罩便很難轉動。

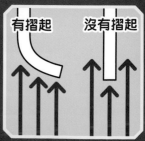

有摺起　　沒有摺起

4 熱空氣上升後，四周的冷空氣流進燈座開口，補充了離開燈座的空氣。這些冷空氣又會被加熱，此循環週而復始，形成熱對流。

紙樣

燈罩

嫦娥

吳剛

玉兔

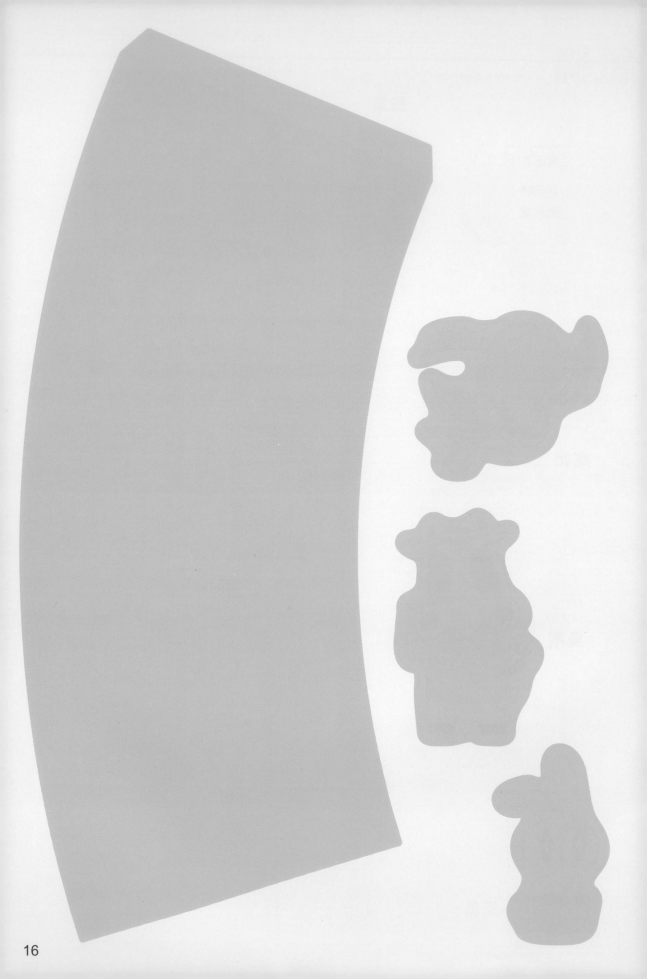

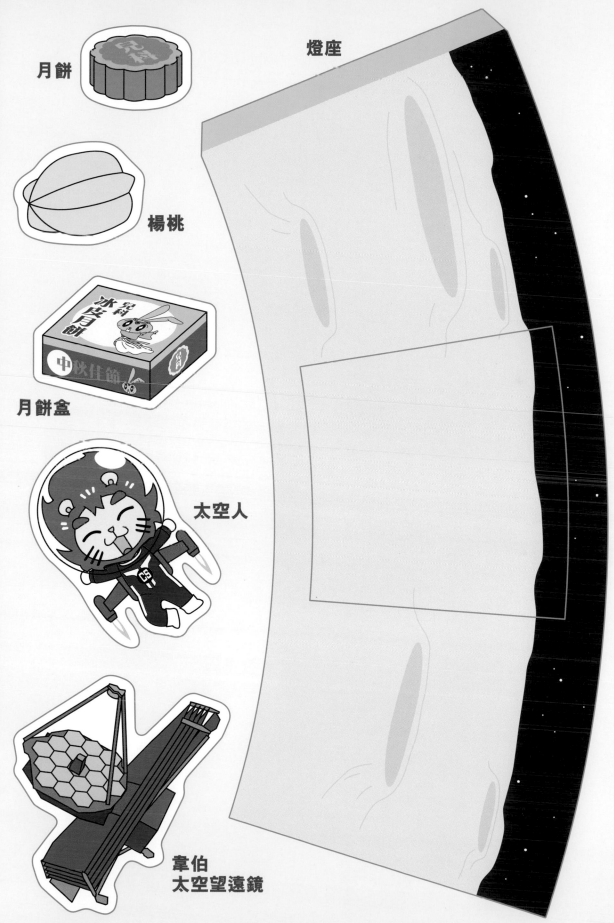

月餅

楊桃

月餅盒

太空人

韋伯
太空望遠鏡

燈座

咦？為甚麼蝸利略教授帶着紫椰菜走進課室呢？難道今天要教大家煮紫椰菜？不，那個紫椰菜是用來進行各種有趣的化學實驗呢！

紫椰菜酸鹼指示劑

那可用來自製酸鹼指示劑啊！

紫椰菜跟化學有關？

酸鹼變色魔術

正文社 YouTube 頻道

嘟一嘟在正文社 YouTube 頻道搜索「#209 酸鹼變色實驗」觀看過程！

進階變色魔術

酸鹼變色實驗

紫椰菜酸鹼指示劑

材料：紫椰菜、水、測試用的液體或固體
工具：保鮮袋（中碼以上）、攪拌機、碗、茶匙、玻璃杯、咖啡濾紙

1 把2片紫椰菜的菜葉撕成碎塊。

2 將碎塊放進保鮮袋內，再加入150毫升清水。

3 將保鮮袋的封口大致關上，只留下細小的開口，然後用力捏碎紫椰菜，搾出汁液。

避免過度用力令菜汁從保鮮袋漏出來，也須在袋下放置容器，承載任何漏出的菜汁。

另一搾汁方法

如家中有攪拌機，可由大人幫忙，將碎塊及150毫升的清水混合，攪拌成菜汁。

⚠ 請小心使用攪拌機。

4 用咖啡濾紙將菜汁過濾出來。

指示劑完成！

5 把要測試的液體倒進玻璃杯，然後加入半茶匙指示劑。（若要測試鹽、梳打粉等固狀物，須先將其溶於水中）

⚠ 請在家長陪同及指導下進行實驗！

有些溶液變成紅色，有些則變成藍色！

| 檸檬汁 | 白醋 | 水 | 牙膏水 | 洗潔精 | 梳打粉水 | 洗衣粉水 |

一種物質，多種顏色

紫椰菜被捏碎後，其部分細胞破裂，內含的花青素便會釋出，溶在水中。這種物質的分子結構會隨酸鹼度而改變，因而呈現不同的顏色。

紫椰菜、藍莓、葡萄等蔬果呈現的紫色便是花青素所致。

甚麼是酸鹼度？

酸鹼度是一個指標，代表水性溶液內氫離子的濃度。

酸鹼度是甚麼？

「酸鹼度」就是液體的酸鹼程度，通常以 pH 值表示。pH 值通常為 0 至 14，數值愈小表示愈酸，愈大則鹼性愈高。而酸鹼程度取決於氫離子與氫氧離子之間哪種較多。

水的化學式是 H_2O，意思是其分子由兩個氫原子（符號為 H）及一個氧原子（符號為 O）組成。不過，這些原子並非總是連在一起，有些會分解成兩部分：

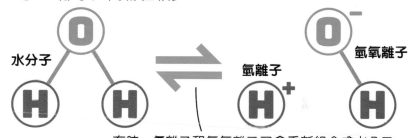

水分子　　氫離子　　氫氧離子

有時，氫離子和氫氧離子又會重新組合成水分子。

酸鹼度就是液體中兩種離子數量的指標。

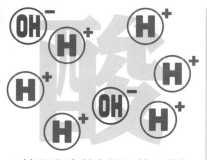

▲某些液體所含的氫離子多於氫氧離子，便屬於酸性，例如檸檬汁、白醋、汽水等。

pH 值少於 7

▲花青素分子跟較多氫離子合併，呈現紅色。

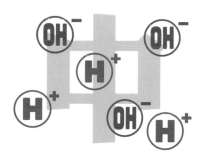

▲某些液體的氫離子及氫氧離子數量均等，便是中性。例子有純水、鹽水、糖水等。

pH 值等於 7

▲花青素分子在中性環境下有較少氫離子，呈現淡紫色。

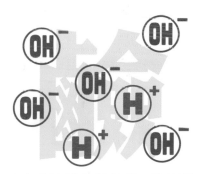

▲有些液體的氫氧離子比氫離子多，則屬於鹼性，如梳打粉溶液、洗衣粉溶液、肥皂水等。

pH 值大於 7

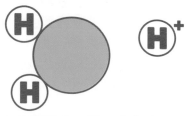

▲花青素分子進一步失去氫離子，呈現藍色甚至透明。

pH 0 1 2 3 4 5 6 7 8 9 10 11 12 13 14

紫椰菜汁在不同 pH 值時的顏色（或會因應材料不同而有異，僅供參考）。

酸鹼變色魔術

材料：紫椰菜汁、白醋、梳打粉　　　工具：量杯、茶匙、高身玻璃瓶

接下來還可用紫椰菜汁來玩變色魔術呢！

1 將 50 毫升的白醋倒進一個玻璃瓶內，並加入 5 毫升的紫椰菜汁。

2 加入約半茶匙梳打粉，溶液就會猛烈冒泡。待冒泡的程度減弱，再加半湯匙梳打粉，不斷重複。

溶液仍是紅色。

顏色逐漸變紫……

變成深紫色。

最終變成藍色！

為何梳打粉加醋會冒泡？

梳打粉跟白醋中的氫離子之間產生化學反應，形成鹽、水及二氧化碳氣體，於是溶液就會冒泡。氫離子經此反應後會變少，所以溶液 pH 值上升。這是一種不可逆反應，那些鹽、水及二氧化碳不能合併變回白醋和梳打粉。

梳打粉 + 白醋
↓
鹽 + 水 + 二氧化碳　 ✔

梳打粉 + 白醋
↑
鹽 + 水 + 二氧化碳　 ✘

為何花青素可不斷變色？

花青素因酸鹼度而變色則是一種可逆反應。當花青素加入白醋後，只是「暫時」跟氫離子合併。加入梳打粉後，由於氫離子減少，跟花青素合併的氫離子就會掉出來，令花青素變藍。此時，如果再加進新的白醋，花青素又會重新獲得氫離子而變回紅色。

 → +

酸性環境下的花青素　　氫離子　　鹼性環境下的花青素

 + →

鹼性環境下的花青素　　氫離子　　酸性環境下的花青素

22

進階變色魔術

材料：紫椰菜汁、白醋（5% 酸度，市面上的白醋通常都是這種酸度）、梳打粉、水
工具：量杯、茶匙、電子磅、高身玻璃瓶、玻璃杯、攪拌匙

1 將 150 毫升的白醋倒進玻璃瓶，並加入 10.49 克梳打粉。

⚠ 請一點一點地將梳打粉加入白醋。如一次過倒進去，可能會大量噴出而弄污桌面。

2 待冒泡效果幾乎停止後，再倒入 100 毫升白醋及 100 毫升清水。

溶液 A
pH 值：約 4.91

3 將 100 毫升的白醋及 250 毫升的清水倒進另一玻璃瓶。

溶液 B
pH 值：約 2.68

4 分別將 20 毫升的溶液 A 及 B 倒進兩個玻璃杯，各加入 5 毫升紫椰菜汁。

根據顏色，A 的 pH 值的確比 B 高（即 B 比 A 更酸）。

如果用攪拌匙以均等的速度，一點一點地在兩個杯內加入梳打粉，A 會否先變成藍色呢？

酸鹼緩衝劑

　　從實驗所見，雖然溶液 B 比 A 酸，但在加入同等的梳打粉後，B 卻比 A 更快變成藍色，這表示 A 的 pH 值變化比 B 慢。

　　溶液 A 其實是一種酸鹼緩衝劑，它可減慢酸鹼度變化，令溶液較容易維持某個特定的 pH 值。酸鹼緩衝劑有不同的種類，各有其用途，例如果酸鈉、果酸鉀等可加進食物裏，用來維持食物的酸鹼度，從而保持其顏色及口感。

新學期開始,我們為大家準備了一件多功能工具!

郊遊與查案必備呢!

全新訂閱禮物登場!

大偵探7合1求生法寶

還配備繩子,方便掛在頸上使用呢!

哨子

電筒

鏡子

指南針

分開後

只要訂閱《兒童的科學》實踐教材版1年,便可得到「7合1求生法寶」了!

隱密收納空間

溫度計

放大鏡

訂閱詳情請看 p.72!

大偵探
福爾摩斯
SHERLOCK HOLMES
科學鬥智短篇⑤4
替天行道(下)

厲河=改編　鄭江輝=繪
李少棠=造景(部分)

梅爾維爾·波斯特=原著　陳沃龍·徐國聲=着色

福爾摩斯 精於觀察分析，曾習拳術，是倫敦最著名的私家偵探。

華生 曾是軍醫，樂於助人，是福爾摩斯查案的最佳拍檔。

上回提要：

　　福爾摩斯與華生到蘇格蘭蓋洛威山區查案，騎馬離開時遇上一壯漢持槍擋路，福爾摩斯沒理會警告繼續前行。華生在壯漢指嚇下也只好從後跟上。當下坡後去到一處空地時，福爾摩斯和華生看到八個大漢聚在一起，他們聲稱抓到兩個盜牛賊——刀疤男和熊貓眼，並打算執行私刑把兩人吊死。福爾摩斯認為應依法行事，否則在破壞法紀後將永無寧日，最終令弱者無法受到法律保護。但以沃德大叔為首的牧牛人並不同意，更指兩個盜牛賊不但犯了盜竊罪，還行兇殺人。目擊證人阿鮑道出事發經過，指在前一天去找牧場主人庫普曼老先生買牛時，發現其家門廊上的地板濕了，門框上更留下一個疑似彈孔。接着，阿鮑繼續憶述……

　　「**不得了！**」我驚叫的同一剎那，心裏閃過一個**不祥的預感**——難道……有山賊來搶掠，開槍殺死了庫普曼老先生？那塊未乾的地板……是洗擦**血跡**後留下了水跡？

　　我想到這裏，心裏雖然感到害怕，但也只好壯着膽子，**戰戰兢兢**地走進屋子裏看個究竟。

　　然而，客廳內並沒有人，擺放的東西也**整整齊齊**的，並無遭受搶掠的痕跡。於是，我再往屋內走，走到卧室門前時，聽到裏面傳來「**嘰**」的一下聲響。我心裏雖然有點害怕，但為了確認庫普曼老先生的安危，也只好**硬着頭皮**悄悄地推開房門。可是，當我一踏進室內，眼尾卻突然看到一個人影**一閃**，嚇得我慌忙退後！

　　然而，我定睛一看，才發現原來是一面鏡子，那個人影只不過是我映照在鏡

中的身影。剛才那一下「嘰」，看來是被吹開了的窗戶發出來的聲響。我鬆了一口氣後，就到一樓的房間去看了看，確認並沒有人。

於是，我走到後院去看。這時，我看到有**兩道車轍**由院子一直延伸到外面的道路去。我想了想，就沿着車轍往前走，但只是走了十來步，就發現一個**懷錶**掉在地上。我撿起它看了看，看到它的背面刻着一個熟悉的名字。

「**啊！這是老先生的懷錶！**」我又吃了一驚，隨手把懷錶塞進口袋中，再沿着車轍走到院子外，發現車轍一直延伸到道路的盡頭。不僅如此，路上還滿佈**牛羣**走過的痕跡。

這時，天色已暗下來。我再想了想，感到自己有點兒過慮了。如果是山賊來襲的話，屋內肯定已被翻得**亂七八糟**，老先生不是被綁起來就是被打死。但是，屋內和屋外都沒有老先生的屍體。地上的**水跡**雖然可疑，但可能只是打翻了水杯後留下的。對了，門框上的**彈孔**也沒甚麼好稀奇的，一定是一早就有的。

「看來，庫普曼老先生是乘馬車趕牛去了。明天一早再去追吧。」我想到這裏，就走到馬廄去，騎上老先生的馬回家了。

「今天一早，我沿着**牛羣的蹄印**一直追，希望可以追到老先生。因為，我必須向他買幾頭牛，否則就趕不及轉手賣給已約好的買家了。」阿鮑憶述，「後來，在路上遇到了**沃德大叔**他們押着兩個盜牛賊經過，我也就一起跟着過來了。」

「原來如此……」福爾摩斯沉思片刻，向沃德問道，「那兩個盜牛賊對阿鮑的**證**

詞有何説法？」

「哼，我怎會告訴他們！他們是犯人，沒資格！」沃德對大偵探的問題**嗤之以鼻**。

福爾摩斯拿這個頑固的大叔沒辦法，只好轉移目標，向阿鮑問道：「你認識那兩個傢伙嗎？」

「我嗎？不認識啊。」

「你認為他們是**盜牛賊**嗎？」

「他們趕的牛是庫普曼老先生的，這是**人贓並獲**呀！」

「是嗎？」福爾摩斯想了想，「你剛才説在庫普曼先生的院子內外都看到**車轍**，如果他們殺了庫普曼先生的話，得處理**屍體**和那輛**馬車**吧？」

「這個——」

「早已查過了！」沃德大叔按捺不住搶道，「逮住了那兩個傢伙後，我們跟着**牛羣的蹄印**往回走，一直去到山谷的河邊，沿途並沒有發現車轍。就算有，給牛羣踏過後也不會留下任何痕跡吧。不過，在河的對岸，卻在亂雜的蹄印旁邊找到了馬車開過的痕跡。」

「之後呢？」福爾摩斯問。

「哼！還用説嗎？當然是順着車轍的方向追蹤啦！只是走了一哩多，就在河邊的**石灘**上，發現有**被火燒過的痕跡**。」

「你是指紮營後留下的篝火灰爐嗎？」

「嘿！哪有這麼簡單。」沃德眼底閃過一下寒光，「紮營留下的篝火痕跡最多只有幾呎大小，但我們發現的卻足有**十多呎**長！」

華生暗地一驚。如果這是真的，肯定是有人在石灘上焚燒了一件**龐然大物**。不用説，燒的就是那輛失去蹤影的馬車！

「那麼，找到了馬車的**殘骸**嗎？」福爾摩斯問。

「沒找到。石灘已被清理乾淨了，只留下了一些木炭的碎片和灰燼。」沃德一頓，向那兩個盜馬賊瞅了一眼後繼續說，「他們也不笨，懂得在河灘上把馬車燒掉，以便**毀屍滅跡**。於是，我們在河中打撈了一下，結果撈到一些馬車用的**鐵鑄零件**、一個**皮帶釦**、幾顆**鐵紐釦**和一些被燒剩的**木條**。」

「啊？」

「更嚇人的是，還有一些**殘缺不全**的人骨！」

「甚麼？」福爾摩斯不禁赫然。

「很明顯，兩個盜牛賊殺死庫普曼先生後，在石灘上**毀屍滅跡**，放了一把火連屍體和馬車一起燒了。」沃德說，「他們紮營度過一晚後繼續趕牛，準備把牛羣趕到鄰郡賣掉。」

「這麼說來，他們說甚麼受一個叫**朗奴**的人所託趕牛，只是**無中生有**的謊話？」福爾摩斯問。

「還用問嗎？」沃德悻悻然道，「他們被我們當場抓住，為了洗脫嫌疑，只好胡亂編個故事來騙人！根本就沒有朗奴這個人，**殺人放火**和**毀屍滅跡**都是他們兩個人幹的！」

「但是，你所說的只是根據 環境證供 而作出的推論而已，一點實質證據也沒有啊。」

「呸！」沃德又使勁地吐了一口唾沫，「在刀疤男身上找到庫普

曼先生的皮夾子，也只是環境證供嗎？」

「**皮夾子？**」

「沒錯！當中除了有50鎊外，在暗格內還夾着一張**繳稅的收據**，上面寫着庫普曼先生的名字！」

「兩個盜牛賊對這個皮夾子有何説法？」

「哼！還能説甚麼？當然又編一個**故事**啦，説甚麼皮夾子是朗奴給的，那50鎊是趕牛的**預付金**。」

聽罷，福爾摩斯無言地皺起眉頭。

「怎樣？倫敦大偵探，這還不算**證據確鑿**嗎？」沃德嘲諷道，「他們當時在趕庫普曼先生的牛，身上又有庫普曼先生的皮夾子，還能冤枉他們嗎？」

皮夾子
≠
刀疤男和熊貓眼殺人

福爾摩斯往兩個盜牛賊瞄了一眼，然後**從容不迫**地説：「皮夾子確實很重要，不過，那只是**間接證據**，並不能證明他們兩人殺死了庫普曼先生。」

「甚麼？這麼明顯的證物也是間接證據？」沃德給氣得雙頰漲紅。

「請稍安毋躁，且聽我道來。其實，以環境證供或間接證據來舉證，會受到一開始時的**思路**影響。這個思路就像一個**路標**，當你對它**深信不疑**的話，就會一直按它**指示的方向**前行，最終卻可能去錯了地方。」福爾摩斯説着，列舉出已知的環境證供與間接證據和它們能證明甚麼。

環境證供／間接證據	證明的事實
①庫普曼的牛羣	→牛羣是屬於庫普曼的
②河灘的篝火碎片和灰燼	→有人在河灘上燒了一件龐然大物
③從河床撈得的鐵鑄零件、皮帶釦、鐵紐釦，燒剩的木條和人骨	→有人在焚燒馬車和人的屍體後丟進河中
④皮夾子（內有庫普曼的繳稅收據）	→刀疤男身上的皮夾子是屬於庫普曼的

「明白了吧？」福爾摩斯繼續說道，「所有證據都證明了一些事實，卻沒有一項能**證明**刀疤男和熊貓眼殺了庫普曼老先生。不過，由於兩人趕着的牛確是屬於老先生的，一開始就受到你們的懷疑，再加上那個皮夾子，你們就把證據②和③都算到他們頭上了。」

「哪有甚麼問題？這正好證明我們走對了路，而且，只有這條路行得通呀！」沃德**理直氣壯**地說。

「是嗎？假設**時光倒流**，你們相信了刀疤男和熊貓眼的說話。那麼，路標就會指向**另一條路**，驅使你們去追蹤那個名叫朗奴的人。」

福爾摩斯說到這裏，往阿鮑瞟了一眼，「不過，追到**半路中途**，你們找到的卻是阿鮑，他還騎着老先生的愛駒，身上又有老先生的懷錶！更重要的是，他右腳的鞋頭上還沾着一些**血**，你們沒看到嗎？」

「啊！」阿鮑臉色倏地剎白，慌忙看了看自己的鞋頭。

「諸位，在這個**新思路下**，請問你們會聯想到甚麼呢？」大偵探冷冷地問。

沃德默然不語，但眼底已閃過一下寒光。同一瞬間，所有人的視線都集中在阿鮑身上，一股殺氣直往他襲去。

「不……不是我！」阿鮑被嚇得退後了兩步。

「諸位既然不說，就讓我來說吧。」福爾摩斯突然揚聲道，「你們的**思路**必定會變成——兇手為避嫌疑，催了兩個外地人趕牛，自己則走另一條路跟隨。所以，那個兇手必定就是——」

「**就是他！**」沃德大叔指着阿鮑喝道。

這一下叫聲就像**發號施令**那樣，幾個**怒不可遏**的牧牛人已迅速圍住了阿鮑。

「不……不是我……」阿鮑**跟跟蹌蹌**地再退後了兩步。

「把他綁起來！」沃德下令。

「且慢！」福爾摩斯舉手一揚，「要證明他是**元兇**的話，該讓那兩位被綁着的仁兄與他**對質**一下才對呀。」

沃德想了想，往旁說了聲：「**去！**」

一個牧牛人馬上走到刀疤男和熊貓眼跟前，把塞住他們嘴巴的布圍拔掉。

「說！你們認識他嗎？」沃德喝問。

刀疤男驚恐地看了看阿鮑，又看了看沃德，不知如何是好。

「我問你們！認識還是不認識？」

刀疤男「**咕嚕**」一聲吞了一口口水，喉頭終於擠出了乾巴巴的聲音：「認……認識。」

聽到同伴這麼說，熊貓眼慌忙叫道：「我認得他，他就是朗奴！」

「**別含血噴人！**」阿鮑更慌了，「混蛋！我根本不認識你們！」

「他就是朗奴，是他催我們趕牛的！」熊貓眼再叫道。

「對，皮夾子是他給我的！」刀疤男說，「我們不知道那些牛是他偷來的！」

「不！別聽他們亂說！我沒有偷牛！我是**無辜**的！」

31

「把他綁起來！」沃德下令。

「不！我是冤枉的！你們怎可聽他們的**片面之詞**？」阿鮑被嚇得兩腿發軟，「**咚**」的一聲跌坐在地上。

「**綁！**」在沃德的怒吼中，兩個牧牛人已衝前抓住了阿鮑的肩膀。

「**哇哈哈哈！**」突然，福爾摩斯莫名其妙地大笑起來。

眾人被**突如其來**的笑聲嚇了一跳，紛紛望向大偵探。

「你笑甚麼？」沃德訝異。

「哈哈哈！我笑甚麼？當然是笑你們變臉的速度啦！剛剛才把阿鮑視為**證人**，馬上又把他當作**犯人**，簡直兒戲！」

「你！你想說甚麼？」沃德怒問，「你不是指控阿鮑就是兇手嗎？」

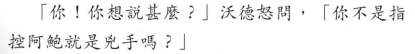

「嘿嘿嘿，我只是將**路標**移一移，把你們的思路引導去**另一個方向**罷了。」福爾摩斯狡黠地一笑，「但請你們細心想想，老先生的懷錶和馬匹不也只是**間接證據**嗎？單憑這兩樣東西又怎可以證明阿鮑就是兇手呢？」

「啊……」沃德啞然。

與沃德的反應一樣，華生也呆住了。他沒想到福爾摩斯在**有理說不清**之下，竟然想出了這麼一個**小詭計**，一下子就令沃德等人清醒過來了。

福爾摩斯環視了一下**呆若木雞**的一眾牧牛人，氣定神閒地說：「明白了吧？環境證供和間接證據多麼不可靠。所以，如此輕率地去向疑犯執行私刑的話，不但會犯下嚴重錯誤，甚至會**錯殺無辜**啊！」

「那……那怎麼辦？」沃德問。

「很簡單，以先祖定下來的共識——**法律**——去辦就行了。」福爾摩斯說，「他們三人都各有嫌疑，把他們押去警察局仔細審問，並讓警方從庫普曼先生的家開始調查，再到燒掉馬車的河灘和河床徹底地搜查一次，相信必會**水落石出**。」

「明白了。」沃德點點頭。華生看得出來，這個威勢十足的老人已被老搭檔說得**心悅誠服**了。

刀疤男的手槍

在福爾摩斯的協助下，山區警察只花了兩天時間就查出了真相。

首先，警方在庫普曼家門框上的**彈孔**中，挖出了一枚**子彈**，經過彈紋驗證後，證實出自刀疤男的手槍。

在**鐵證如山**下，刀疤男和熊貓眼承認為了盜牛，確實曾襲擊庫普曼老先生，並說只是迎頭一棍就把他**擊暈**了。之後，又順手搶走了他的**皮夾子**。不過，這些都是在朗奴的指示下進行的。

其後，他們兩個負責趕牛，朗奴則駕駛老先生的馬車走另一條路離開，並約好中途在河灘會合。可是，當到達河灘後，刀疤男兩人與朗奴為了**酬金**問題發生爭執，一怒之下就把他殺了。

朗奴的骸骨

為了**毀屍滅跡**，兩人連人帶車燒毀，並把燒剩的殘餘扔到河中。

「沃德大叔他們找到的人骨，應是朗奴的骸骨。」最後，刀疤男**垂頭喪氣**地招供，「我們指證阿鮑是朗奴，只是想**順水推舟**，把罪名推到他的身上。其實，我們並不認識他。」

那麼，庫普曼老先生的屍體又去了哪裏呢？

在沃德大叔的**獵犬**幫助下，只花了個多小時，就在牧場不遠的樹林中找到了老先生被埋的**屍體**。華生發現，他的前額

有傷，似曾受重擊，與刀疤男兩人的自白**吻合**。不過，致命傷卻是**頸骨折斷**。由於在埋屍處找到了阿鮑留下的鞋印，他只好對自己犯下的罪行一一招認。

原來，三個盜牛賊離開老先生的牧場後，恰巧阿鮑到訪。他看到老先生倒臥於門前，門框上又有個彈孔，更發現牧場內空無一牛，就知道出事了。不過，**利慾薰心**的他並沒有去救人，反而走進屋中搜掠，企圖**順手牽羊**。

可是，除了在臥室中找到一個**懷錶**外，並無發現值錢的東西。當他正想離開時，沒料到老先生卻剛好甦醒了。

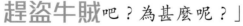

「他抓住我的小腿，我情急之下，就用力一踢……卻沒想到……踢中了他的頸骨……鞋頭上的**血**，可能就是那個時候染上的吧……」阿鮑**吞吞吐吐**地說，「我本來只是想**順手牽羊**，沒想到卻弄出了人命……老先生平時對我很好，我怕野狼聞到血腥跑來吃他的屍體，就把他搬到樹林中埋了。」

「是嗎？」福爾摩斯以懷疑的語氣問，「你在第二天碰到沃德大叔他們，看來不是偶然。其實，你是為了**追趕盜牛賊**吧？為甚麼呢？」

「我……」阿鮑聲帶哽咽地說，「我回家後愈想愈氣，要不是盜牛賊打暈了老先生，我就不會**錯手殺人**。一切都是盜牛賊害的！為了消這口氣，我要追殺他們，為老先生報仇！」

「嘿嘿嘿，沒想到你死到臨頭，還要**恬不知恥**地說謊呢。」福爾摩斯冷冷地說，「你追盜牛賊不是為老先生報仇，而是想**橫搶硬奪**，從盜牛賊手中搶走那百多頭牛吧？」

「啊……！」阿鮑像被看穿了一切似的，驚恐地抬起頭來看着我們的大偵探。

未待法庭把阿鮑和兩個盜牛賊定罪，福爾摩斯和華生已騎着馬上路了。

「福爾摩斯，你只是略施小計，就改變了那幫牧牛人的守法意識，真厲害。」華生摸了摸馬首上的鬃毛，佩服地說。

「嘿嘿嘿，要人心服口服地明白自己的錯誤很簡單，讓他們去犯錯就行了。」福爾摩斯笑道，「他們看到無視法紀所帶來的後果後，就會意識到自己犯法的理由站不住腳了。」

「是的，無視法紀總有千百個冠冕堂皇的理由，只要不被這些理由迷惑，就會明白守法的重要了。」

「所以，聽起來愈是冠冕堂皇的理由，我們就愈要小心呢。」

「話說回來，這起案子有一個地方很有趣呢。」

「甚麼地方？」

「那就是，謊言中往往含有真實。刀疤男、熊貓眼和阿鮑最初的證言中，都說出了一些真實，讓人聽來倍感說服力呢。」

「因為，具說服力的謊言都需要真實去包裝呀。不過，我們只須從謊言中找出虛構的部分，就能接近真相了。你記得嗎？阿鮑說去到庫普曼家附近的山腰時，看到遠處的山脊上有一個人，那人一邊看着山下的牧場一邊急急策馬離開。而且，他還看到那人的外衣是橙黃色的。當我看到他的眼神和聽到他說這段證詞時，就知道哪些是真實，哪些是謊言了。」

「真的？」華生問，「不是全都是謊言嗎？」

「不，那個策馬離開的人是**假**的，但他穿的橙黃色外衣倒是**真**的。」

「人是**假**的話，他穿的外衣又怎會是**真**的呢？」華生不明所以。

福爾摩斯指一指自己的**領子**，狡黠地一笑：「嘿嘿嘿，你沒看到嗎？我這件外衣是**橙黃色**的呀。」

華生想了想，不禁驚叫一聲，終於**恍然大悟**。

人體小知識

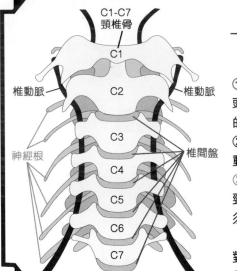

C1-C7
頸椎骨

C1

椎動脈　　C2　　椎動脈

C3

神經根　　C4　　椎間盤

C5

C6

C7

【頸椎】

　　頸椎由7塊頸椎骨組成，頸椎骨與頸椎骨之間有6塊椎間盤（如圖），它主要有三大作用，分別是：

①**支撐頭部**——頭部約佔人的體重的十分之一，如體重60公斤，頭部就約重10公斤。頸椎連同四周的肌肉，必須能支撐起10公斤的重量。

②**保護椎動脈、椎靜脈和交感神經**——由於頸椎接近頭部，是椎動脈、椎靜脈和複雜的交感神經必經之路，保護它們非常重要。

③**活動**——為了日常生活和生存需要（如向後望是否有敵人），頸椎可轉動幅度達到90度，比腰的轉動幅度要大。所以，頸椎必須能作上下左右的多角度活動。

　　因此，保持正確坐姿和閱讀姿勢，對保護頸椎非常重要，千萬不要長時間低頭看手機啊！

各位讀者：

　　看到這裏，你也像華生那樣恍然大悟嗎？

　　為何我說「那個策馬離開的人是假的，但他穿的橙黃色外衣倒是真的」呢？請動動腦筋想想看。

讀者天地

雖然鱷魚的咬合力驚人，不過張開嘴巴的力就弱得多，所以我跳到牠們的頭上也不怕呢～

李鈺婷

*給編輯部的話

小海龜們會一起生活嗎？
（請伏特犬回答）

希望刊登

小海龜游出大海後，基本上是單獨生活的，待交配季節才會再聚在一起。

黃晞瞳

*給編輯部的話

《科學大冒險》圖畫美麗，內容有趣！請問《科學大冒險》現有出到第幾集？

《科學大冒險》目前出版到第 5 集，謝謝你的支持！

陳泳霖

*給編輯部的話

希望刊登

1-10 請評分

愛因獅子喜歡鱷魚嗎？

我不喜歡鱷魚，因為很難捉來吃，而且每次去河邊時都要提防被鱷魚襲擊啊。

梁若藍

*給編輯部的話

猜猜我是誰

請評分！
(1-100分)

哇！又是小 Q？走為上着……
哈，連 Mr. A 也被騙倒了，有 90 分以上呢。

電子信箱問卷

蔡瑩曉

今次嘅「心連心魔術」好好玩啊！不過有時剪完會變亂咗，哈哈😊！

有時剪完要整理一下，才看得出形狀呢。

林澄芝

為甚麼鱷魚是爬蟲類不是兩棲類？

動物是根據其身體特徵而分類的。爬蟲類有又乾又硬的鱗片，而兩棲類則有柔軟而濕潤的皮膚，而鱷魚的特徵符合前者。

其他意見

我做了「科學實驗室」的「彈跳萬字夾」給爸爸媽媽看，他們都說很神奇呢！

黎天睿

這一次在科學 Q&A 中，我學到原來光污染會對生物造成極大的損害，所以我不需要用電燈的時候會關掉電燈。

高韻凝

我希望有一個少年偵探隊的小說。

曾玥葶

動物

海豚的深海藥房

在埃及紅海裏，印度太平洋樽鼻海豚會用身體**磨蹭**海底的**珊瑚**和**海綿**。蘇黎世大學的野生生物學家經過逾十年的觀察，於本年5月發表研究成果，嘗試解釋該現象。

柳珊瑚

皮革珊瑚

海綿

從觀察所得，海豚會挑選特定品種進行磨蹭，包括柳珊瑚、皮革珊瑚和海綿。生物學家抽取那些生物的組織化驗後，發現裏面含有高達10種抗菌物質。他們估計海豚透過磨蹭將抗菌物質塗到身上，以預防皮膚疾病。

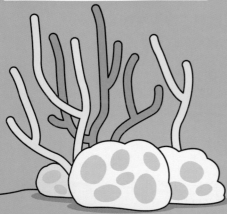

海豚常結伴前往珊瑚堆，然後有秩序地排隊輪候。當輪到自己時，該海豚就在珊瑚間游動，讓身體各個部位都能接觸珊瑚。每條海豚磨蹭完後便自覺地離開，讓下一位同伴繼續。

不過，生物學家目前尚未完全瞭解海豚的磨蹭行為。他們期望在未來進行更多實驗，繼續研究此習性對海豚健康的功效。

《兒童的科學》
創作組 = 編
Yuthon = 插畫

誰改變了世界？

宇宙探索者 霍金（上）

「這是人類首次拍攝到黑洞的照片。該黑洞來自M87星系*，其質量比太陽大65億倍……」

一對父子坐在沙發上一邊聽着新聞的解説，一邊專心地看電視，畫面上播放着一個如火焰般的橙黃色光圈，中間有個黑色圓形。

「爸爸，那好像一隻眼睛呢。」男孩指着電視説。

「哈哈哈，你的想像力真豐富。」男人笑道，「其實那橙黃色圈是黑洞外圍物質高速旋轉而成的吸積盤，中間那個像瞳孔的黑色區域才是黑洞本身。」

「那麼黑洞是不是甚麼都會吸掉的？」男孩問。

「對啊，黑洞的引力異常強大，一旦接近，連光線都逃不掉，所以我們只能看到一片漆黑的景象。」

「嘩，很厲害啊！」男孩想了想，又連珠炮發地問，「但它不停吸東西，不就變得愈來愈大，會否連我們也被吸去啊？還有那些東西被吸進去後又會到哪裏？是否回不來了？」

「這個嘛……」

Photo credit: Black hole - Messier 87 crop max res by Event Horizon Telescope / CC BY 4.0

↑2019年4月10日全球發佈世界首幀黑洞照片，證明黑洞真實存在。

事實上，黑洞並非只進不出，還有些能量會釋放出來。不過當

*M87星系，位於室女座的橢圓星系，距離地球超過5300萬光年。

初**史蒂芬·霍金** (Stephen William Hawking) 得悉這個匪夷所思的說法時，連他自己也不敢相信。只是，經過冷靜地思考計算後，他就直接承認黑洞具有這種**不可思議**的特性，並**有條不紊**地向世人展示其推論。除了黑洞，他還探究宇宙起源、時空旅行等各種科學構想。

雖然霍金因殘疾而大半生都**無法動彈**，但其敏銳而靈活的思考方式足以讓他在腦海中穿梭時空，遨遊廣闊無垠的宇宙。而這一切皆從他那非常有個性的家開始。

追求宇宙的學問

1941年正值第二次世界大戰，德軍日夜炮轟英國首都**倫敦**，其時霍金的父親法蘭克正與**大腹便便**的妻子伊索貝爾居於當地。為避戰火，二人決定暫遷至**牛津**。到1942年1月8日，霍金平安出生，當天剛巧也是**伽利略**[*]逝世300年的忌日。及後他們搬回倫敦，伊索貝爾又先後誕下兩個女兒。

法蘭克從事醫學研究，伊索貝爾亦是知識分子。二人喜愛**閱讀**，也讓孩子們看各種書籍。在晚飯時間，飯廳迴盪着高雅的歌劇音樂，一家人就坐在餐桌旁一邊吃飯，一邊各自**看書**，鮮有交談。只是這種特殊的共聚天倫樂方式，在旁人看來卻非常**古怪**。

另外，伊索貝爾常帶着孩子到南肯辛頓[*]，沿博覽會路[*]參觀不同的**博物館**，增強識見。由於彼此興趣不同，據說她會先把霍金留在科學博物館，再將大女兒留於自然歷史博物館，讓他們**自行觀看**藏品。然後她與小女兒到展示工藝美術的維多利亞與艾爾伯特博物館，直至約定時間才回去逐一接走兒女。

霍金就在這種**別樹一幟**的家庭環境下長大。他8歲時與家人搬到**聖奧爾本斯**[*]，並在當地學校就讀。只是其讀書成績一般，初次考試更幾乎包尾，寫作業的字跡又潦草，一度讓老師們十分頭痛，到後來

*欲知伽利略的生平故事，請參閱《誰改變了世界》第2集。
*南肯辛頓 (South Kensington)，位於倫敦西部地區。當中的博覽會路 (Exhibition Road) 是其主要道路，英國自然歷史博物館、
　科學博物館及維多利亞與艾爾伯特博物館都座落於該路段。
*聖奧爾本斯 (St Albans)，位於倫敦北部、赫福郡的其中一個市鎮。

才日漸進步。兩年後他轉學到精英中學聖奧爾本斯公校，由於做事條理分明，尤在數理方面甚具天分，同學都叫他「**愛因斯坦**」。

霍金在學校與數名同學結為好友，常常**天南地北**討論各種事情。在12歲某日，他與兩個同學約翰及巴茲爾探討生命自然發生的可能性。那時巴茲爾對霍金的觀點印象深刻，大膽地作出「**預言**」……

「史蒂芬的想法很特別呢，說不定將來**成就非凡**。」巴茲爾喃喃說道。

「別傻了，他的成績那麼普通，運動又不行，註定一生只能當個**普通人**而已。」約翰**嗤之以鼻**。

「哼，現在雖是這樣，但誰能保證未來的事啊！」巴茲爾不禁爭辯說。

「那我們來**打賭**吧，看看那傢伙將來是『龍』還是『蟲』。」約翰露出挑釁的笑容。

「好啊，賭甚麼？」

「一袋糖果！」

究竟誰勝誰負，從現在看來當然**不辯自明**，但那時巴茲爾恐怕只是在逞強，而霍金更不可能預見自己將來的成就。總之，他們每天過着打打鬧鬧的日子，聊着物理、超心理學、太空等各種各樣的話題。

另外，霍金自小喜歡**拆解**各種機械裝置，觀察其運作原理。到中學時他更進一步，常跟同學約翰一起在對方父親的小型工坊，動手製作飛機、船隻等**模型**，又試行自製計算機。此外，他設計了一些複雜的**棋類遊戲**，與其他同學玩個**不亦樂乎**。這一切都是為滿足他理解系統運作的好奇心，為日後探究宇宙奠下基礎。

1959年，17歲的霍金入讀**牛津大學**，主修**物理**。由於大部分同級同學都曾服兵役，年紀稍大，令他自覺格格不入，感到很孤單。直到升上三年級，他認為要改變狀況，遂參加**划艇社**，以結交更多朋友。雖然其身手不靈活，結果只能擔任**舵手**，但已十分滿足。

至於在物理學習上，他就很快展現其**天分**與**聰明才智**……

「這星期你們讀一下第十章。」教授在講臺舉起一本名為《電與磁力》的書，向學生道，「另外，該章最後有**13條問題**，試試解答，看你們答到多少條吧。」

數天後。

「你答到多少題？」一個學生問。

「唉，我**攪盡腦汁**，只答到**一題**。」另一個學生說，「你呢？」

「我解開了**一題半**。」

二人邊走邊說，來到大學門外，巧遇在前方走着的霍金。

「喂，史蒂芬，你解到多少題了？」

「啊。」霍金回望他們，皺着眉頭道，「我只夠時間做**10題**而已。」

其餘兩人**面面相覷**，只能為彼此的差距而輕歎。

1962年霍金畢業，先與朋友前往伊朗旅行，回國後就到**劍橋大學**當研究生，攻讀物理博士學位，以**理論物理**為業。其時理論物理主要有兩大範疇，一個是宏觀的宇宙學，另一個是微觀的基礎粒子研究。結果他選擇**宇宙學**，並根據愛因斯坦*的相對論鑽研下去。只是，當時他不知道一個噩夢已悄然逼近，將改變其一生。

霍金的身體自小已不大靈活，不擅運動，造模型亦不及其他同伴好。及至他到牛津大學讀書時，更變得愈來愈**笨拙**，時常跌倒，有一次更從樓梯上摔下來。後來在劍橋大學生活，情況愈趨嚴重，遂到醫院檢查。經醫生診斷，他**罹患**一種「肌肉萎縮性脊髓側索硬化症」*的罕見疾病。這種病會令他大腦中的運動神經元逐步**退化**，進而無法控制肌肉，漸漸無法活動，不能發聲，最後連吞嚥和呼吸都出現問題。醫生推測他只剩下2年壽命。

那時是1963年初，霍金才剛滿21歲，想到自己年紀輕輕就要死去，**大受打擊**，一度非常沮喪。不過所謂天無絕人之路，他遇上了一個願意陪伴自己生活、絕不介意他時日無多的女孩潔恩·懷爾德(Jane Wilde)。二人很快墮入愛河，並於1965年7月共偕連理。

另外，雖然那時霍金須撐着拐杖行走，身體的肌肉漸漸不受控

42　*欲知愛因斯坦的生平故事，請參閱《誰改變了世界》第5集。
　　*「肌肉萎縮性脊髓側索硬化症」(Amyotrophic lateral sclerosis)，縮寫ALS，俗稱「漸凍人症」。

制，但病情卻開始**緩和**下來，
意味着他還能生存下去。在潔
恩及指導教授夏瑪*的鼓勵下，
他終於**振作**起來，繼續學習，
並構想一篇探討宇宙起源的文
章，作為其博士論文。

黑洞有進無出？——霍金輻射

自古以來，絕大多數學者認為宇宙**穩定不變**。及至18至19世
紀，有些學者則主張宇宙會膨脹或收縮。到了20世紀初，科學家以愛
因斯坦的廣義相對論為基礎，加上觀測到太陽系附近的星雲逐漸**遠
離**，由此推論宇宙正在不斷**擴張**。

人們想到既然宇宙可能在擴張，那麼其**最初模樣**應該不是如現
在所見般，於是衍生一個課題：宇宙是否有個**開端**？並因此產生兩
派互相對立的說法。一派提出**宇宙大爆炸理論** (或稱「大霹靂，Big
Bang」)，主張宇宙最初只是一個能量極高的核。當核發生爆炸，令物
質向外擴散而形成現今的狀況。另一派則提出**宇宙穩態理論**，認為
宇宙持續擴大時，會不斷衍生新物質，令其平均密度保持不變，故此
宇宙並沒有所謂的開端。

霍金在探討宇宙起源的課題時，發現穩態理論有**瑕疵**，曾發表
文章**批評**，並專注於大爆炸理論的發展。

1965年1月，一場**演講**在倫敦國王學院舉行，講者為潘洛斯*。他
提出恆星在快將滅亡時，就會不斷**收縮崩塌**。其間所有組成分子都
精準地瞄向球心掉落和擠壓，然後形成一個物質密度無限大的點，這
個點被稱為「**奇異點**」。奇異點通常只出現於正球體，但潘洛斯卻
證明了就算稍為偏離正球體，也可以出現該點。

霍金從同事卡特*口中聽到有關演講內容後，**靈光一閃**，認為類
似說法也可能適用於宇宙擴張上，只是**過程相反**：非完美對稱的宇
宙最初是一個體積無限小，密度、重力與時空曲率都無限大的「奇異

*丹尼斯‧威廉‧西凱‧夏瑪 (Dennis William Siahou Sciama，1926-1999年)，英國物理學家。
*羅傑‧潘洛斯 (Roger Penrose，1931年~)，英國數學物理學家。
*布蘭登‧卡特 (Brandon Carter，1942年~)，澳洲理論物理學家。

點」，因出現大爆炸，一切物質**向外擴散**，才形成今時今日仍在不斷擴張的宇宙。

同年，貝爾實驗室的彭齊亞斯*和威爾遜*發表論文，指前一年已測出微弱的**宇宙微波背景輻射**。科學家藉其回溯出宇宙初期的溫度比現在高很多，這樣才會殘留那種能量，説明宇宙並非一直保持穩定狀態。

接下來霍金決定開始撰寫論文。不過當時他已無法**執筆**或**打字**，話語也變得**口齒不清**，只有親近的家人才聽懂他在説甚麼。故此，先由他口述內容，由妻子記錄及整理成完整的語句，再將之用打字機打出來。1966年，他發表博士論文《**膨脹宇宙的性質**》*，提出宇宙起源於大霹靂的一瞬間。

文章使他順利獲得學位，而宇宙起源只是其研究的一部分。1970年的一晚，當他正要在上床睡覺時，忽然想到能否將奇異點理論也套用到**黑洞**上。於是，他開始着手研究這個神秘的天體。

宇宙不斷擴張

宇宙大爆炸

奇異點

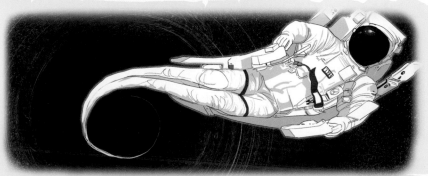

正如潘洛斯所言，當巨大質量的恆星滅亡時，無法支撐自身的重力，就會往內崩塌收縮，形成黑洞。周邊物質會受其巨大引力吸引，掉到黑洞內。而那個吸引範圍具有邊界，被稱為「事件視界」。物質一旦越過事件視界，就無法離開黑洞，連光也不能逃脫。

如果一個太空人掉進黑洞，便會被極強大的引力拉長身體，繼而被撕碎。(欲知其原理，可參閱《兒童的科學》第189期「科學實踐專輯」。)

黑洞最初由英國自然哲學家約翰‧米歇爾 (John Michell) 於1783年推想出其存在，並命名為「暗星」(dark star)。

*阿諾‧彭齊亞斯 (Arno Penzias，1933年~)，美國無線電天文學家，於1978年獲諾貝爾物理學獎。
*羅伯特‧伍德羅‧威爾遜 (Robert Woodrow Wilson，1936~)，美國無線電天文學家，於1978年獲諾貝爾物理學獎。
*《膨脹宇宙的性質》(Properties of Expanding Universes)。

自1971年起，霍金陸續寫出三篇論文。第一篇提出宇宙大爆炸會產生**原初微型黑洞**。第二篇則提出「**無毛定理**」*，指出黑洞結構簡單，並不具備任何複雜性質，更不會出現如立方體、椎體或其他凸起的形態。第三篇則闡述事件視界的**表面面積永不減少**。

一般來說，當兩個物體合併，新物體的表面面積就會減少些許。然而，當兩個黑洞事件視界併在一起，其表面面積卻**不減反增**。無獨有偶，這情況與熱力學第二定律的**熵***相似，只是當時暫未有人具體想到兩者有何關連。

所謂熵，就是能量從有序趨向無序的指標。根據熱力學第二定律，熵在單一系統中只會**增加**，絕不會**減少**。宇宙可被視成一個獨立系統，因沒有其他外力影響，所以當中的一切會隨時間變得愈來愈**混亂**。

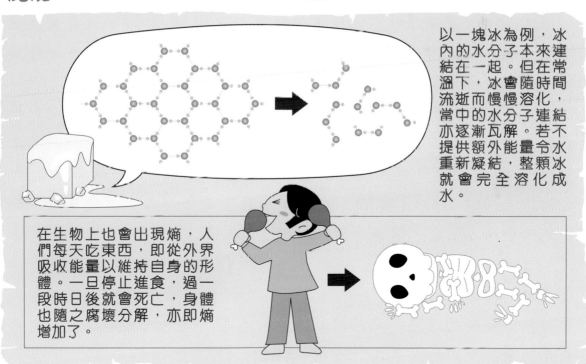

以一塊冰為例，冰內的水分子本來連結在一起。但在常溫下，冰會隨時間流逝而慢慢溶化，當中的水分子連結亦逐漸瓦解。若不提供額外能量令水重新凝結，整顆冰就會完全溶化成水。

在生物上也會出現熵，人們每天吃東西，即從外界吸收能量以維持自身的形體。一旦停止進食，過一段時日後就會死亡，身體也隨之腐壞分解，亦即熵增加了。

那時有一位叫**貝肯斯坦***的研究員根據霍金的推論，引申出黑洞與其他事物一樣都具有熵。不過，這違反當時人們的認知。因為凡有熵的事物必有**熱力**，且會**發光**，但黑洞連光也會吸收，理應不會反射光芒，亦不會散發熱能。

起初，霍金得悉這個假說時也加以反對。後來經仔細計算分析，他卻發現黑洞會發出**熱輻射**，表示那果真有熱能。儘管其溫度只比

*「無毛定理」(No-hair theorem)。　　*熵，與「商」諧音。
*雅各布‧大衛‧貝肯斯坦 (Jacob David Bekenstein，1947-2015年)，以色列裔美國理論物理學家。

絕對零度多一點，低到以目前技術也無法測量。另一方面，若黑洞會輻射熱力，就表示它終會有能量耗盡的一天而**蒸發消散**。

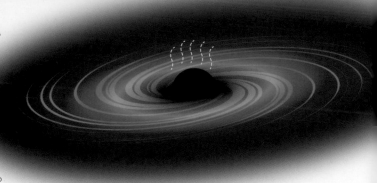

1974年2月，霍金在一場研討會公開黑洞熱輻射的觀點。當時他已失去有效控制手的能力，無法利用拐杖支撐自己，只能坐着**電動輪椅**，來到盧塞福-阿普爾頓實驗室*研討會場地，身邊還跟着博士班學生卡爾*協助演講。他知道已難控制口部肌肉，發音咬字不清晰，便讓卡爾在會上將他要説的內容寫到**投影片**上，再投影到布幕，令與會者明白其想法。

只是，當霍金「説」完後，演講廳內卻**鴉雀無聲**，沒有激烈討論，也毫無任何掌聲。主持人只輕輕帶過後，就直接跳到下一個議題，看來大家對霍金**異想天開**的想法**不以為然**。

同年8月，霍金前往美國加州理工學院作訪問研究。在一個討論會上，霍金再次發表其黑洞輻射理論。這次物理學界兩大巨頭的蓋爾曼*與費曼*都到場聽講。期間費曼更一邊聽一邊在一個信封寫**筆記**，之後卻又將它丟到**垃圾筒**。事後好奇的卡爾拾起信封，竟發現上面寫了十數條方程式，還有一個卡爾的塗鴉人像。

其實，費曼起初對霍金的假説有所**保留**。不過在他自行計算後，終於**相信**黑洞會發出熱輻射。及後其他科學家也用自己的方式重新推導霍金的結果，亦陸續相信輻射存在。之後人們稱這種微弱到至今仍無法探測的能量為「**霍金輻射**」。

霍金輻射令霍金在物理學界的聲譽**更上一層樓**，不過他對於黑洞的研究還沒完結，究竟當中還有甚麼發現？請留意下一期的「宇宙探索者」下集，切勿錯過！

---

*盧塞福-阿普爾頓實驗室 (Rutherford Appleton Laboratory)，位於牛津郡。於1957年建成，以著名物理學家歐內斯特·盧瑟福 (Ernest Rutherford) 及愛德華·阿普爾頓 (Edward Appleton) 的姓氏命名。
*伯納德·卡爾 (Bernard Carr)，現為英國數學與天文學教授。
*默里·蓋爾曼 (Murray Gell-Mann，1929-2019年)，美國物理學家，因基本粒子的研究而於1969年獲得諾貝爾物理學獎。除了物理，他亦通曉多種語言，精通多國土著文化，自行研究動物分類，更參與過《大英百科全書》的編纂工作，自小被譽為「會走路的百科全書」。
*李察·菲臘斯·費曼 (Richard Phillips Feynman，1918-1988年)，美國理論物理學家，因對量子電動力學的研究，獲得1965年的諾貝爾物理學獎。著有至今通用的大學物理入門教材《費曼物理學講義》等。

開心禮物屋

新學年開始，不妨
在此挑選一份禮物
為自己打氣吧！

參加辦法
在問卷寫上給編輯部的話、提出科學疑難、填妥
選擇的禮物代表字母並寄回，便有機會得獎。

A 1名

繪圖投影儀
附送彩色筆及書寫用的可再用透
明膠片，將你所畫的東西投影出
來！

B 1名

立體解鎖遊戲套裝
你可解開這六個經特別設計的
鎖嗎？

C 1名

大偵探福爾摩斯
小兔子外傳－苦海孤雛
上集及下集
搗蛋鬼小兔子過去的故事！

D 1名

小說
少女神探愛麗絲與企鵝
第 10 至 12 集
可愛搞笑的偵探推理小說！

E 1名

LEGO Creator 3-in-1
野性雄獅（31112）及 90 週年
紀念套裝（30582）
將非洲草原上的獅子、駝鳥及疣
豬帶到你家。

大偵探側揹袋（灰色）
輕裝出門的不二之選。

F 1名

G 2名

星光樂園
神級偶像 Figure
可愛Q版人偶。

H

雪糕三輪車積木
親手砌出昔日香港常見
的流動雪糕店！

1名

Samba Family
中英對照漫畫
第 1 至第 2 集
跟森巴和剛仔一起愉快
學英文！

I 1名

J 1名

Keeppley
多啦 A 夢時光機積木
跟多啦 A 夢、大雄和靜香一
同穿梭時空！

規則

截止日期：9 月 30 日
公佈日期：11 月 1 日（第 211 期）

★ 問卷影印本無效。
★ 得獎者將另獲通知領獎事宜。
★ 實際禮物款式可能與本頁所示有別。
★ 匯識教育公司員工及其家屬均不能參加，以示公允。
★ 如有任何爭議，本刊保留最終決定權。
★ 本刊有權要求得獎者親臨編輯部拍攝領獎照片作
　刊登用途，如拒絕拍攝則作棄權論。

地理

死亡之湖：
非洲納特龍湖

　　納特龍湖位於非洲坦桑尼亞，佔地約 1040 平方公里。雖然此湖十分廣闊，且內含豐富礦物質，卻不適宜大部分生物生活，因為在看似平靜的湖面下，原來暗藏危機！

湖水的「三高」——
高溫、高濃度、高鹼性

Photo by Richard Mortel / CC BY 2.0

　　位於納特龍湖南端的倫蓋火山於更新世時期（約 1 萬至 250 萬年前）爆發後，泡鹼、碳酸鉀等礦物隨岩漿流入湖中。由於此湖是內流湖，水流有進無出，所以礦物一直積聚在湖內。

▶ 倫蓋火山距離納特龍湖約 48 公里，現時是一座死火山。

　　另外，湖的部分水流來自附近的溫泉，其溫度高達攝氏 40 至 60 度，水分會快速蒸發，令湖內礦物濃度上升。於是湖水隨之變為鹼性，pH 值可高達 10.5，足以腐蝕掉生物的皮肉。

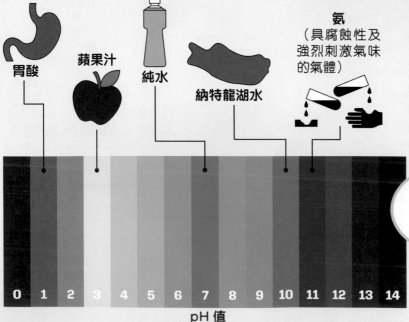

胃酸

蘋果汁

純水

納特龍湖水

氨
（具腐蝕性及強烈刺激氣味的氣體）

0　1　2　3　4　5　6　7　8　9　10　11　12　13　14

pH 值

pH 值越高，即物品的鹼性越高。相反，pH 值越低，即物品的酸性越高。

死亡陷阱

雖然湖水如此危險，但還是常有動物誤闖納特龍湖。這是因為湖面倒映着湖畔的植物，在動物眼中就像是一片草原。牠們因而受吸引往湖中靠攏，最終令身體被灼傷、腐蝕，甚至因此丟命。

假如動物在當中不幸身亡，湖水內的泡鹼就會令其身體脫水，減慢身軀被微生物分解的速度，達至防腐效果。於是，這些動物的骨骼便被完整地保存下來。

我的古埃及子民也懂得利用相同技術去製作木乃伊呢。

伊西斯
（Isis）

有關泡鹼和木乃伊的更多知識，可參閱第 204 期「科學實踐專輯」。

適者生存

不過，仍有少數生物適應了納特龍湖嚴苛的環境，在湖內生存。

小紅鶴

▲現時約有 250 萬隻小紅鶴住在湖內，佔全球總數的 75%。小紅鶴的皮膚堅韌，雙腿佈滿鱗片，故此不會被湖水灼傷。牠們更能直接喝湖水解渴，並以鼻腔內的腺體過濾水中鹽分。再者，由於小紅鶴的胃部強壯，牠們甚至能吃湖中的有毒藻類。

嗜鹽菌

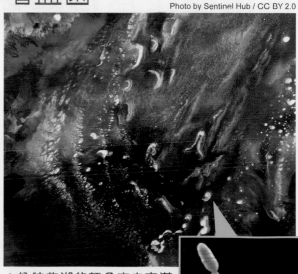

▲納特龍湖的顏色來自充滿紅色色素的嗜鹽菌。這種細菌含有菌紫質，可吸收陽光中的能量，透過光合作用製造食物，以維持生命。

2022 書展完滿結束！

今年的書展已於 7 月 26 日正式結束了！大家有買到喜愛的書籍，滿載而歸嗎？

▲《大偵探福爾摩斯》短片「麵包的秘密」吸引不少人觀看。

▲各期教材都放在玻璃櫃一同展出。

▲大家都忙於在各期書刊中尋找自己的心頭好！

香港科學館專題展覽
香港賽馬會呈獻系列：八大·尋龍記

這個恐龍展覽一共展出 8 種著名恐龍品種的展品，包括暴龍、三角龍、棘龍等。當中展品有化石真品、高完成度的骨架等，喜歡恐龍的你切勿錯過！

完整度逾九成的異特龍骨架。

埋藏狀態的幼齡蜥腳類恐龍化石。

異特龍 ALLOSAURUS

展期：即日至 2022 年 11 月 16 日
地點：香港科學館二樓展覽廳
入場須於網上預約，詳情請參閱香港科學館網頁。
https://hk.science.museum/zh_TW/web/scm/exhibition/bigeight2022.html

大偵探福爾摩斯

幽馬奇案

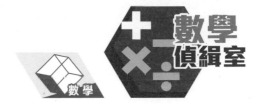

數學偵緝室

「真不走運，竟要在這種鄉下地方多滯留一天！」早上7時，李大猩在火車站前**大發牢騷**。

原來，福爾摩斯、華生、李大猩和狐格森昨晚在西南部的達特姆爾辦完案，本想今早乘火車離開，卻遇上路軌壞了，被逼多**滯留**一天，要待維修完工才能起行。

「咦？這不是福爾摩斯先生嗎？啊，還有華生先生和兩位蘇格蘭場警探呢！你們來這裏查案嗎？」一位戴眼鏡的**老紳士**看到4人，連忙走過來打招呼。

「你不是**羅斯上校**嗎？好久不見了。」福爾摩斯一眼就認出這位紳士，他就是「銀星神駒失蹤案」*中的馬主。當時他的愛馬失蹤了，全靠福爾摩斯為他尋回。

「羅斯上校，火車**停駛**一天，我們回不了倫敦，正想返回旅館啊。」狐格森答道。

「是嗎？我本來也想今早回倫敦的，現在計劃被**打亂**了，也得留下來多住一天呢。」羅斯上校想了想，說，「你們與其花錢在旅館過夜，不如跟我一起回養馬場小住一天吧？反正客房多的是，也不缺**紅酒**和**美食**呢。」

「不怕打擾你嗎？」華生問。

福爾摩斯最愛**白吃白喝**，慌忙搶道：「哎呀，華生你說甚麼呀！恭敬不如從命，難得碰到上校，當然要去聚聚舊啦！」

「對、對、對！恭敬不如從命，去去去！」李大猩一聽到有紅酒和美食，已忘記了剛才的牢騷。

不一刻，4人上了上校的馬車，直往養馬場開去。

「對了，上校。」在馬車內，華生打開了話匣子，「我們昨天聽說**騎兵隊**來到附近的**市集**，請問發生了甚麼事嗎？」

「哼！騎兵隊來到這種鄉下小鎮，除了**買馬**還有甚麼！」上校一臉**不悅**地說。

華生一怔，知道可能選錯話題了，因為從上校的反應看來，他並不喜歡騎兵。但糟糕的是，狐格森看來並沒有**觀言察色**，竟笑道：「噢！上校的養馬場**良駒雲集**，可以趁機賣幾匹馬大賺一筆呢。」

「甚麼？我像把愛駒拿去**送死**的人嗎？」上校突如其來地怒吼一句，把眾人嚇了一跳。

「都19世紀末了，軍中那些守舊派仍迷信騎兵隊的作戰能力，不斷物色戰馬，還以為自己在打世紀初的拿破崙戰爭，好像沒聽過機關槍似的！」上校**滔滔不絕**地

*有關羅斯上校和銀星神駒的故事，詳見《大偵探福爾摩斯⑤銀星神駒失蹤案》。

馬道，「任誰都知道，不管騎兵隊多勇猛，但在機關槍掃射下只能**屍橫遍野**、**全軍覆沒**啊！」

「是的、是的。」福爾摩斯為免影響待會享受**美酒佳餚**的興致，連忙安撫道，「上校出了名愛馬，怎會忍心讓牠們**戰死沙場**啊！」

華生聞言，也識趣地轉換話題，大談昨天查案的趣事，令上校很快就忘記了剛才的不快。

馬車只開了不到半個小時，就到達了養馬場。華生看看懷錶，剛好是 **7 時半**。

「咦？羅斯上校，你不是要回倫敦嗎？」一個馬夫有點錯愕地迎上來問道。

「米勒，鐵路故障走不了啊。不過，在火車站巧遇幾位老朋友，我就邀請他們來住一晚了。」

「原來如此。那麼，你們之後要外出嗎？」**米勒**有點擔心地問，「你的馬車要被調去運貨，恐怕到明早才有馬車可用啊。」

「不要緊，反正客人們昨天忙了一整天，正好要休息一下，我們在大屋內**談談天**、喝喝酒就行了！」

「明白了。」

「對了。」上校**興致勃勃**地吩咐，「先讓幾位客人看看我剛買的那幾匹新馬吧！」

華生心想，上校果然愛馬，一回來就要看馬了。

5 人隨米勒來到距離大屋數十碼外的馬廄，看到上校新買的 **4 匹馬**，但眾人最想看的銀星神駒卻被送到法國參賽，只能**緣慳一面**。

競賽馬

農耕馬

那 4 匹新馬中，有 2 匹是年輕的**競賽馬**，另外 2 匹則是接近 2 米高的巨型馬，從軀幹到四肢都比一般賽馬粗壯。

「哇！好巨型啊！世上竟有這麼巨大的馬？」華生驚歎。

福爾摩斯也不禁讚道：「我也是第一次看到**農耕馬**，非常有壓迫感呢！」

「哎呀，你們被巨馬嚇傻了嗎？」李大猩**嘲笑**道，「甚麼農耕馬呀！馬是用來騎和拉車的，牛才會負責耕田啊！」

「不，這 2 匹確是農耕馬。而且，還是最巨型的品種——我們英國的**夏爾馬**。」羅斯上校自豪地介紹，「牠的腿和蹄比一般馬粗壯，體重超過 1 噸，無法像賽馬般奔馳，只能步行。不過，牠們勝在氣力大，可拖拉重物，所以可以用來耕田。我年輕時，還看過牠們拉着大砲和運輸車上戰場呢。」

「上校，我的搭檔見識淺薄，請你多多包涵。」狐格森趁機嘲諷。

「你說甚麼？難道你懂？」李大猩怒瞪狐格森，作勢要罵。

福爾摩斯恐怕兩人爭吵起來，立即搶道：「上校，你養馬不是為了比賽嗎？為何買入農耕馬呢？」

「因為我最近買了塊農地，準備送農耕馬過去幫忙呀。」羅斯上校笑道，「雖然牛可以耕田，但我喜歡馬，就特意挑選了農耕馬。而且，牠們雖然不能奔跑，但總比牛走得快，用來**拉車代步**也方便。」

「原來如此，真是長知識了。」

4人與上校東拉西扯地談了半個小時養馬之道後，於**上午8時**左右一起回到大屋去，只留下米勒一人在馬廄照料馬匹。

他們在大屋中下下棋、打打桌球，又品嘗紅酒和美食，很快就消磨了一整天。

當時鐘指向**下午6時正**時，突然「汪、汪、汪」的一陣激烈的狗吠聲響起，劃破了大屋的平靜。

「唔？是牧羊犬阿旺的叫聲！牠負責守衛馬廄，難道那兒出了甚麼事？」上校**吃了一驚**，連忙往外面走去。福爾摩斯等人見狀也緊隨其後，來到了馬廄前面。

「上校！不得了！不得了！4匹新買來的馬全部**不見了**啊！」一個少年馬僮從馬廄奔出，朝着眾人神色慌張地喊道。

「米勒呢？他沒看着那些馬嗎？」上校大聲問道。

「不知道啊！他在**早上7點**左右叫我到鎮裏辦事，我**下午5點**回到來時，他又叫我帶阿旺去散步，之後就沒再見過他了。不過……」少年欲言又止。

「不過甚麼？」上校喝問，「別吞吞吐吐的，有話快說！」

「不過……我早幾天聽到他和一個馬販子談話，好像很關心騎兵隊**收購馬匹**的事。」少年有點猶豫地說，「此外……米勒最近在賽馬中輸了很多錢，早幾天還有人上門**追債**。」

「甚麼？竟有這樣的事？難道他要把我那4匹馬賣給騎兵隊？」上校**大驚失色**，慌忙問道，「你知道騎兵隊甚麼時候離開嗎？」

「他們應該還在市集，聽說**晚上7點半**就離開。」

「晚上7點半？那怎麼辦啊？」上校急得如熱窩上的螞蟻。

「追！我們馬上趕去市集截住騎兵隊吧！」福爾摩斯提議。

「追？」上校搖搖頭，「惟一的馬車去了運貨，那4匹馬又給米勒偷走了，怎樣追啊？」

福爾摩斯想了想，突然**靈機一觸**：「有了！在調查銀星神駒一案時，我記得去過附近一個養馬場，那兒的主人名叫犀布朗，可以去找他幫忙。」

「呀！我怎麼忘了他呢？沒錯，去找他借輛馬車就行了！」上校**坐言起行**，馬上與大偵探4人趕去犀布朗的養馬場。

犀布朗一看到來者是福爾摩斯，知道不能得罪，爽快地借出了一輛由4匹壯馬拉動的馬車，並說只須花**1小時**就可去到市集。

4人一登上馬車，馬車就全速奔馳。他們坐好後，**已急不及待**地討論起案情來。

「我被偷的那4匹馬的**步速**各有不同，從我的馬廄走到市集，牠們分別要花1至4小時才能去到。即是說，最快的跑**1小時**；第二快

的跑**2小時**;第三快是農耕馬,要走**3小時**;最慢的那匹更則要走**4小時**啊。」上校説。

「4匹都不同,速度的差別也很大呢。」福爾摩斯説。

「是啊。」上校繼續説,「這幾匹馬還很有個性,用繩子把4匹串連在一起的話,牠們是死也不肯走的,就算3匹一起也不行。但奇怪的是,只**串連2匹**的話,卻會很聽話地一起行走了。當然,走得快的要減速來遷就走得慢的才行。」

「換句話説,用最快的馬拉着最慢的一起走,也要花4小時才能走到市集吧?」福爾摩斯問。

「正是如此。」

福爾摩斯皺起眉頭想了想,説:「那麼,米勒騎着1匹馬,每次也只能帶1匹馬去市集。然後,又要騎其中1匹回到馬廄,再帶走另1匹,**來回走3次**才能偷走全部4匹馬呢。」

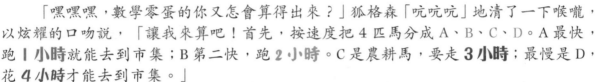

「哇!這不是極之花時間嗎?」李大猩數了數手指,「他要花……要花……多少時間才能偷走全部4匹馬呢?」

「嘿嘿嘿,數學零蛋的你又怎會算得出來?」狐格森「吭吭吭」地清了一下喉嚨,以炫耀的口吻説,「讓我來算吧!首先,按速度把4匹馬分成A、B、C、D。A最快,跑**1小時**就能去到市集;B第二快,跑**2小時**。C是農耕馬,要走**3小時**;最慢是D,花**4小時**才能去到市集。」

「哼!甚麼A、B、C、D,要算就快算,別**故弄玄虛**!」李大猩不耐煩地罵道。

「稍安毋躁。」狐格森**成竹在胸**地説出了他以下的算法。

① 首先,米勒騎着A,拉着B,用**2小時**去到市集。他留下B在市集中,再騎着A花了**1小時**就回到馬廄。即是説,一來一回花了**3小時**。

② 接着,米勒再騎着A,拉着C,用**3小時**去到市集。他留下C在市集中,再騎A只花**1小時**就回到馬廄。即是説,一來一回花了**4小時**。

③ 最後,米勒再騎着A,拉着D,用**4小時**去到市集。這時,4匹馬已齊集在市集了。

所以,3小時+4小時+4小時=11小時,他一共花了**11小時**。

華生想了想,提出異議:「時間不對!我們在**上午8時**看到那4匹馬,而牠們在**下午6時**消失了,其間總共**10小時**,即是説,米勒只需10小時就把4匹馬偷走了啊。」

「不,牠們可能在**下午5時**已全被偷走了。因為,牧羊犬阿旺全天守在馬廄,只要馬廄中有1匹馬,牠也不會**吠**。所以,米勒於5時待阿旺外出散步,就可偷走最後1馬匹了。」上校懊惱地説。

「這麼説來,米勒是在**上午8時至下午5時**這**9個小時**內把全部馬偷走的了。」福爾摩斯説,「這比狐格森所説的11個小時,足足快了2個小時呢!」

「哇哈哈,好像有人計錯數呢。」李大猩趁機反擊,不忘嘲笑道。

「等等！」狐格森無法反駁，只好急急轉換話題，「我**早上11時**向史崔克太太詢問午餐吃甚麼時，米勒還遠遠地向我打了個招呼啊。」

「是嗎？這麼説來……我們8時在馬廄參觀完畢，米勒當時在場。接着，他於11時向狐格森**打招呼**。然後，又在下午5時叫少年去**放狗**……他究竟是怎樣分批偷走馬匹的呢？」福爾摩斯沉思片刻，突然抬起頭來喊道，「太厲害了！那傢伙竟想出了一個**最節省時間**偷走馬匹的方法！」

「最節省時間的方法？究竟是甚麼方法？」上校急切地掏出懷錶看了看，「現在快6時半了，還有半個小時才能趕到**市集**，會追得上他嗎？」

「不必擔心，先看看這個吧。」福爾摩斯掏出了筆記簿，在上面畫了一個**時間表**，展示出米勒的偷馬過程。

「啊！太巧妙了！」眾人看後不禁驚歎。

「太好了！」上校興奮地説，「如果他真的是按這個步驟帶走馬匹，市集**7點**關門，正好趕得上呢！」

晚上7時，福爾摩斯5人趕到市集，剛好截住了正想把馬匹賣給騎兵隊的米勒。米勒看到羅斯上校時，不僅嚇得**目瞪口呆**，還雙腿發軟，「啪」的一聲倒在地上，幾乎昏了過去。那麼，他是用甚麼方法分批帶走馬匹，而福爾摩斯又如何識破他的方法呢？

難題：
米勒如何分批偷走那4匹馬？你又能像福爾摩斯一樣，畫出米勒偷走馬匹的時間表嗎？

答案

4匹馬的步速不同，從馬廄走到市集要花的時間也各異。為方便説明，現按照狐格森那樣，把馬匹及所需時間表列如下：

編號	從馬廄到市集所需時間
A馬	1小時
B馬	2小時
C馬	3小時
D馬	4小時

米勒每次只能從馬廄帶走2匹馬到市集，他只要用以下的編排，就能在9小時內（上午8時至下午5時）偷走4匹馬了。另一方面，從狐格森和少年的證言中，福爾摩斯知道米勒於上午11時和下午5時曾在馬廄現身。他根據這兩個時間，也能準確地疏理出米勒以下的偷馬時間表。

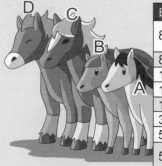

時間	馬廄中的馬	人物的行動	留在市集的馬
8am	A、B、C、D	眾人抵達馬廄時，見到米勒	
8am至10am（2小時）	C、D	米勒帶走A和B到市集	A、B
10am至11am（1小時）	A、C、D	米勒留下B，騎A回馬廄	B
11am		狐格森看到米勒與他打招呼	
11am至3pm（4小時）	A	米勒帶走C和D到市集	B、C、D
3pm至5pm（2小時）	A、B	米勒留下C和D，騎B回馬廄	C、D
5pm		米勒命少年帶阿旺外出散步	
5pm至7pm（2小時）		米勒帶走A和B到市集，阿旺在6pm回到馬廄吠叫	A、B、C、D

學天文長知識

梁淦章工程師
香港天文學會
太空歷奇

現今的天文學包含多個科學領域的最尖端知識。觀天、認星座只是起步點,那麼我們可以怎樣開始學天文呢?

南環星雲 —— 行星狀星雲

船底座星雲 —— 恆星的誕生地

星系間相互作用觸發恆星形成

攝到至今最遙遠的宇宙深處

▲ 去年底發射的韋伯太空望遠鏡在今年中正式運作,傳回首批照片及數據。韋伯將會不斷觀測,定必帶給我們無窮的知識,揭示未為人知的宇宙奧秘。

學習天文的途徑

你會選擇哪些途徑呢?

特殊天象

▲ 每當遇到日食、月食等特殊天象,天文機構和會社都會在街頭設置天文儀器,推廣天文。或許一經接觸,你就從此愛上天文呢。

書中自有黃金屋

我的第一本
天文太空書
My First Book of Space

▲ 從圖書館找合適的天文書籍自學,提升水平。

天文講座 / 課程 / 電影

▲ 內容多樣化,在趣味的形式和環境下學習天文。

香港太空館展覽廳

▲ 提供有系統的天文展品和知識。大部分展品以互動形式供參觀者學習天文。

可觀天文中心

學界天文活動

可觀自然教育中心暨天文館

▲ 提供多樣化的天文講座、課程及觀星活動。

校內天文活動

▲ 若有天文小組及設施,學習天文氣氛更佳。

加入天文會社

▲ 透過會社的多樣化天文學習及觀星活動，加快對天文的認識。

動手做

▲ 在親手製作手工的過程中，更能瞭解箇中的奧秘，提升趣味。

觀星營

▲ 這是加速學習觀星技巧、認識星座和交流使用天文儀器心得的地方。

特別推薦

香港天文：
一站式天文新聞、活動、天氣資訊 App

這應用程式搜羅了全球各地最新的天文新聞、港澳各大天文機構、會社和學府所舉辦的天文活動、三天及十六天天氣預報等資訊，令天文愛好者可以輕鬆瀏覽天文新知，及選擇天文活動。

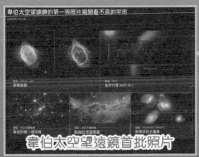

韋伯太空望遠鏡首批照片

天文新聞

香港上空射電天文學觀測成果

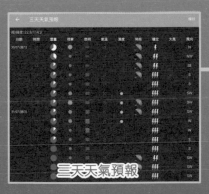

三天天氣預報

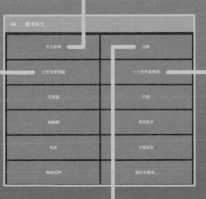

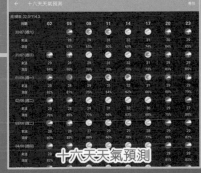

十六天天氣預測

親子天文班

活動

53 年前的今日，
人類首次登陸月球。

曹博士信箱 Dr. Tso

香港中文大學
生物及化學系客席教授
曹宏威博士

為甚麼快速測試能在 15-20 分鐘內 檢測到你的 Covid-19 結果呢?

劉展僑

疫情期間,新聞用詞「快速抗原測試」(或「快速測試」)指的往往就是用來測試樣本是否含有某種特定的 Covid-19 抗原。然而快速抗原測試被用來檢測的病原體並不局限於新冠肺炎,只是今次疫情把此技術「唱旺」了而已。

快速檢測的原理,是利用「抗原-抗體」的黏結作用,以顯示病毒存在。

抗原是任何刺激人體引致產生抗體的活性物質。以新冠病毒為例,它的外層是個蛋白質殼,殼面上散佈許多粒狀的突出粒子。這些粒子有助病毒本身附在人體細胞上,然後穿入內裏。但這些粒子會刺激免疫細胞產生抗體,因此被視為抗原,而快速檢測就是用來探測這些粒子。

抗體是一種「Y」字型的蛋白質,可跟其對應的抗原相黏。每種抗體都有其專一性,即只能對一種抗原起反應。

快速測試板內有一條試紙,它可分成3部分:S區(Sample,即滴進樣本的窗口)、T區(Test)及C區(Control),每區都有一種抗體。

1 S區的抗體可跟新冠病毒的抗原相黏,還附染料粒子顯示顏色。

2 抗體在試紙中因毛細管作用向試紙的另一端擴散遷移。

3 T區的抗體固定在紙上,不能移動,但也會黏附新冠病毒抗原。如果帶有病毒抗原的液滴到達了T區,就會有一部分被黏鎖於此,動彈不得。這些被捕的病毒中,不少已帶S區的顏色抗體,令T區產生一條線,表示測到帶病毒,需要求醫。

4 沒有黏附病毒的S區抗體,及一部分黏了病毒的S區抗體,會穿過T區,不被捕捉。

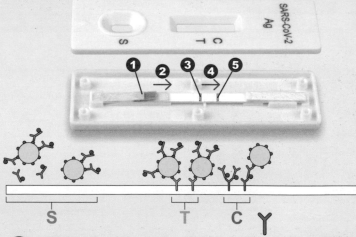

5 S區抗體最終到達C區。這裏有另類抗體專門負責捕捉S區抗體,互相連結成一條線。這條線的功用是說明S區抗體移動過,代表快速測試板運作正常。

這個測試過程大約 10 至 20 分鐘,毋須像抗體測試及核酸測試般需要數個小時才有結果。不過,由於快速檢測的準確率較低,所以要覆查才好作準。

另外,不同廠商所生產的快速測試板或有差異,顯影時間有長有短,必須詳閱產品說明書,切勿草率犯錯。

為鼓勵讀者多思考多發問,編輯部將向被選中刊登問題的讀者寄出紀念品一份!

這相機是最先進的型號，當然厲害！

那是透過人臉偵測來找出畫面中人的啊。

人臉偵測？

其實電腦圖片都是由一點點的像素組成的。

電腦系統根據每格像素的光暗度，就能勾畫出照片中的線條，不會受到燈光或色彩的影響。

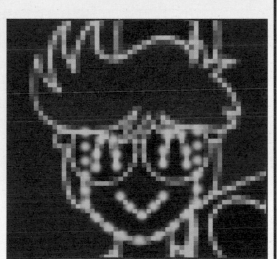

只要預先輸入大量人物照片的數據，電腦便會找出人臉的特徵如眼、鼻、口等，再判斷出照片中的人臉位置，這樣就偵測出人臉。

請進。

宇宙巡邏隊分部該是保安嚴密，這道門要怎樣解鎖的呢？

電腦會用數字來代表每個圖像的光暗度。這些數字逐行整齊排列，形成一個長方形的表，這個表稱為「矩陣」。

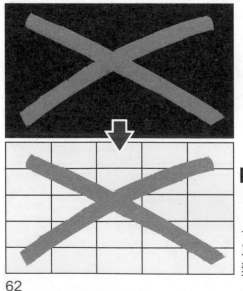

←我們將上圖簡單化成25個像素，以便解說。

0	0	0	0	0	0	0
0	1	0	0	0	1	0
0	0	1	0	1	0	0
0	0	0	1	0	0	0
0	0	1	0	1	0	0
0	1	0	0	0	1	0
0	0	0	0	0	0	0

↑矩陣的邊界外圍補上0，方便之後的運算。

然後運用一種叫摺積的方法，抽取圖像的各種特徵。

電腦利用多個稱為摺積核的矩陣，套入圖像中加以計算，再根據結果來辨認某種特徵。例如下圖的摺積核可辨認左斜線（即「\」）。

1	0	0
0	1	0
0	0	1

每個像素都要跟摺積核做一次摺積，以原圖左上方的像素（圖中以粗黑框標示）為例，步驟大致如下：

0	1	0	0	0	0	0
0	0	1	1	0	0	0
0	0	0	1	1	0	1
0	0	0	1	0	1	0
0	0	1	0	1	0	0
0	1	0	0	0	1	0
0	0	0	0	0	0	0

STEP1 將摺積核套入原圖，令其正中央的數字，與正在處理的像素重疊。

0×1	0×0	0×0
0×0	1×1	0×0
0×0	0×0	1×1

STEP2 可看到有9格都有2個數字，將同格的數字相乘。

$$0 + 0 + 0 +$$
$$0 + 1 + 0 +$$
$$0 + 0 + 1 \quad =2$$

STEP3 再將每格數字相乘得出的9個答案加起來。

STEP5 重複這步驟，把整張圖的數字計算出來。

0	0	0	0	0	0	0
0	2	0	1	0	1	0
0	0	3	0	1	0	0
0	1	0	3	0	1	0
0	0	1	0	3	0	0
0	1	0	1	0	2	0
0	0	0	0	0	0	0

電腦分析得出的數字，越高就代表跟要辨認的特徵越吻合，可推斷圖中有此特徵。例如圖中的「3」表示原圖的中間部分極可能有左斜線。

0	0	0	0	0	0
0	2				0
0					0
0					0
0					0
0					0
0	0	0	0	0	0

STEP4 將步驟3相加得出的數字，放於一個新的圖像矩陣中相應的一格。

之後電腦用不同的摺積核及多重精密推算，來辨認不同特徵。經過以億萬次的計算及整理，才能完成整項工作呢。

哇，很複雜，聽到都頭痛。

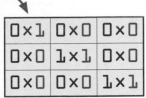

接着只要把掃瞄人臉得出的數字，與數據庫資料對比，就能核對身份了。

既然每個摺積核都反映不同特徵，那麼電腦是怎樣決定用哪個特徵的？

問得好！

電腦的人工智能會用深度學習（Deep learning）分析大量圖片後再得出結論。

對了，你們知道人臉識別功能在日常生活的用途嗎？

各位讀者又想不想到呢？

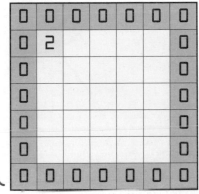
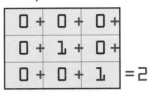

電話解鎖是現時最常見的應用方式。

另外在銀行、機場等高度保安的場所也會使用這功能，以搜尋賊人、恐怖分子、通緝犯等危險人物。

開燈！

隨着科技發展，智能家居和一些辦公室出勤系統也用上人臉識別去代替舊有的指紋系統。

宇宙巡邏隊的門禁系統也用了人臉識別，當系統查出你們的樣貌已登錄在客人名單，就會開門讓你們進來。

太厲害了！

這系統真方便，我們甚至沒留意它一直在運作呢。

 只是這系統也有缺點呢。

 缺點？

不過科技日新月異，相信這些缺點應該很快能改善呢。

說得對！

由於人臉的獨特性不及指紋，因此其準確度仍有改進空間。

而且電腦判斷人臉易受多種因素影響，如人們戴了口罩、飾物，或受明暗不同的光線照射，甚至擺出不同表情，都可能令系統出錯。

嗖

人們運用人臉識別，透過高性能的電腦能同時進行多項操作，這樣免卻了排隊輪候的麻煩，節省時間。

宇宙巡邏隊在地球每個角落都裝設了人臉識別用的監視鏡頭。

所有鏡頭都連接到總部的電腦,即時與數據庫的資料配對,以辨別指定人物的身份。

這樣能辨別附近有沒有危險人物,讓隊員更安全地執行任務!

人臉識別系統既方便又能確保安全,為何還要申請這麼麻煩?

危……危險?

因為這也是個很危險的系統!

~完~

大偵探 7合1 求生法寶

溫度計 哨子 隱密收納空間 鏡子 或 電筒 指南針 放大鏡

大偵探口罩套裝
（包含 10 片口罩及 1 個收納套裝）

訂閱 兒童的科學 請在方格內打 ☑ 選擇訂閱版本

凡訂閱教材版 1 年 12 期，可選擇以下 1 份贈品：
☐ 大偵探 7 合 1 救生法寶　或　☐ 大偵探口罩套裝

訂閱選擇	原價	訂閱價	取書方法
☐ **普通版**（書 半年 6 期）	~~$210~~	$196	郵遞送書
☐ **普通版**（書 1 年 12 期）	~~$420~~	$370	郵遞送書
☐ **教材版**（書 + 教材 半年 6 期）	~~$540~~	$488	Ⓚ OK便利店 或書報店取書 請參閱前頁的選擇表，填上取書店舖代號→
☐ **教材版**（書 + 教材 半年 6 期）	~~$690~~	$600	郵遞送書
☐ **教材版**（書 + 教材 1 年 12 期）	~~$1080~~	$899	Ⓚ OK便利店 或書報店取書 請參閱前頁的選擇表，填上取書店舖代號→
☐ **教材版**（書 + 教材 1 年 12 期）	~~$1380~~	$1123	郵遞送書

訂戶資料

月刊只接受最新一期訂閱，請於出版日期前 20 日寄出。例如，想由 10 月號開始訂閱 兒童科學，請於 9 月 10 日前寄出表格。

訂戶姓名：# _____　性別：_____　年齡：_____　聯絡電話：# _____

電郵：# _____

送貨地址：# _____

您是否同意本公司使用您上述的個人資料，只限用作傳送本公司的書刊資料給您？（有關收集個人資料聲明，請參閱封底裏）　# 必須提供

請在選項上打 ☑。　同意☐　不同意☐　簽署：_____　日期：_____ 年 _____ 月 _____ 日

付款方法

請以 ☑ 選擇方法①、②、③、④或⑤

☐ ① 附上劃線支票 HK$ _____（支票抬頭請寫：Rightman Publishing Limited）

　　銀行名稱：_____　支票號碼：_____

☐ ② 將現金 HK$ _____ 存入 Rightman Publishing Limited 之匯豐銀行戶口
　　（戶口號碼：168-114031-001）。
　　現把銀行存款收據連同訂閱表格一併寄回或電郵至 info@rightman.net。

☐ ③ 用「轉數快」（FPS）電子支付系統，將款項 HK$ _____ 轉數至 Rightman Publishing Limited 的手提電話號碼 63119350，並把轉數通知連同訂閱表格一併寄回、 WhatsApp 至 63119350 或電郵至 info@rightman.net。

☐ ④ 用香港匯豐銀行「PayMe」手機電子支付系統內選付款後，掃瞄右面 Paycode，輸入所需金額，並在訊息欄上填寫①姓名及②聯絡電話，再按「付款」便完成。付款成功後將交易資料的截圖連本訂閱表格一併寄回；或 WhatsApp 至 63119350；或電郵至 info@rightman.net。

☐ ⑤ 用八達通手機 APP，掃瞄右面八達通 QR Code 後，輸入所需付款金額，並在備註內填寫❶ 姓名及❷ 聯絡電話，再按「付款」便完成。付款成功後將交易資料的截圖連本訂閱表格一併寄回；或 WhatsApp 至 63119350；或電郵至 info@rightman.net。

如用郵寄，請寄回：「柴灣祥利街 9 號祥利工業大廈 2 樓 A 室」《匯識教育有限公司》訂閱部收

正文社出版有限公司
Scan me to PayMe

Ⓔ 八達通 Octopus
八達通 App
QR Code 付款

收貨日期

本公司收到貨款後，您將於以下日期收到貨品：

- 訂閱 兒童科學：每月 1 日至 5 日
- 選擇「Ⓚ OK便利店 / 書報店取書」訂閱 兒童科學 的訂戶，會在訂閱手續完成後兩星期內收到換領券，憑券可於每月出版日期起計之 14 天內，到選定的 Ⓚ OK便利店 / 書報店取書。

填妥上方的郵購表格，連同劃線支票、存款收據、轉數通知或「PayMe」交易資料的截圖，寄回「柴灣祥利街 9 號祥利工業大廈 2 樓 A 室」匯識教育有限公司訂閱部收、WhatsApp 至 63119350 或電郵至 info@rightman.net。

訂閱雜誌

除了寄回表格，也可網上訂閱！

兒童的科學 NO.209

香港柴灣祥利街9號
祥利工業大廈2樓A室
兒童的科學 編輯部收

有科學疑問或有意見、
想參加開心禮物屋，
請填妥問卷，寄給我們！

大家可用
電子問卷方式遞交

▼請沿虛線向內摺

請沿實線剪下 ✂

請在空格內「✔」出你的選擇。

我購買的版本為：₀₁□實踐教材版 ₀₂□普通版

*給編輯部的話

*開心禮物屋： 我選擇的禮物編號 ☐

*我的科學疑難/我的天文問題：

*本刊有機會刊登上述內容以及填寫者的姓名。

有關今期內容

Q1：今期主題：「曬藍紙學感光知識」
₀₃□非常喜歡　　₀₄□喜歡　　₀₅□一般　　₀₆□不喜歡　　₀₇□非常不喜歡

Q2：今期教材：「陽光顯影套裝」
₀₈□非常喜歡　　₀₉□喜歡　　₁₀□一般　　₁₁□不喜歡　　₁₂□非常不喜歡

Q3：你覺得今期「陽光顯影套裝」容易使用嗎？
₁₃□很容易　　₁₄□容易　　₁₅□一般　　₁₆□困難
₁₇□很困難（困難之處：＿＿＿＿＿＿＿＿）　　₁₈□沒有教材

Q4：你有做今期的勞作和實驗嗎？
₁₉□走馬燈　　　　　　₂₀□實驗一：紫椰菜酸鹼指示劑
₂₁□實驗二：酸鹼變色魔術　₂₂□實驗三：進階變色魔術

請沿實線剪下 ✂

問　卷

讀者檔案

#必須提供

| #姓名： | | 男 女 | 年齡： | | 班級： |

就讀學校：

#居住地址：

| | #聯絡電話： |

你是否同意，本公司將你上述個人資料，只限用作傳送《兒童的科學》及本公司其他書刊資料給你？（請刪去不適用者）

同意/不同意 簽署：＿＿＿＿＿＿＿＿＿＿＿＿＿＿＿ 日期：＿＿＿＿＿＿年＿＿＿月＿＿＿日
（有關詳情請查看封底裏之「收集個人資料聲明」）

讀者意見

A 科學實踐專輯：設計圖失竊事件
B 海豚哥哥自然教室：堅忍的雙峰駱駝
C 科學DIY：走馬燈轉轉轉
D 科學實驗室：酸鹼變色實驗
E 今期特稿
F 大偵探福爾摩斯科學鬥智短篇：替天行道（下）
G 讀者天地
H 科學快訊：海豚的深海藥房
I 誰改變了世界：宇宙探索者 霍金（上）

J 地球揭秘：死亡之湖 非洲納特龍湖
K 活動資訊站
L 數學偵緝室：盜馬奇案
M 天文教室：學天文長知識
N 曹博士信箱：為甚麼快速測試能在15-20分鐘內檢測到你的 Covid-19 結果呢？
O 科學Q&A：瞼上的指紋

＊請以英文代號回答**Q5**至**Q7**

Q5. 你最喜愛的專欄：
第 1 位 23＿＿＿＿＿ 第 2 位 24＿＿＿＿＿ 第 3 位 25＿＿＿＿＿

Q6. 你最不感興趣的專欄： 26＿＿＿＿ 原因： 27＿＿＿＿＿＿＿＿＿＿

Q7. 你最看不明白的專欄： 28＿＿＿＿ 不明白之處： 29＿＿＿＿＿＿＿＿＿

Q8. 你從何處購買今期《兒童的科學》？
30□訂閱　　31□書店　　32□報攤　　33□便利店　　34□網上書店
35□其他：＿＿＿＿＿＿＿＿＿＿＿＿＿＿＿＿＿＿＿

Q9. 你有瀏覽過我們網上書店的網頁www.rightman.net嗎？
36□有　　　37□沒有

Q10. 你會否透過學校訂閱《兒童的科學》？
38□會　　　39□不會（原因：＿＿＿＿＿＿＿＿＿＿＿＿＿＿＿）

Q11. 你喜歡今年的訂閱贈品「大偵探7合1求生法寶」嗎？
40□喜歡　　41□不喜歡（原因：＿＿＿＿＿＿＿＿＿＿＿＿＿）